地域ガバナンスシステムシリーズ　NO. 18

カーボンマイナス ソサエティ

クルベジでつながる、環境、農業、地域社会

龍谷大学地域公共人材・
政策開発リサーチセンター
企画

定松　功
編著

公人の友社

このブックレットのねらい

龍谷大学地域公共人材・公共政策開発システムリサーチセンター（以下、LORC）において、協働型公共政策に関する実践的研究に取り組む第２研究班ユニット４では、亀岡市、立命館大学、京都学園大学、地元関係機関などと連携し、亀岡カーボンマイナスプロジェクトに取り組んでいます。亀岡カーボンマイナスプロジェクトは、2008年11月から亀岡市保津町の農地を中心に、活用されていない放置竹林をバイオ炭にし、バイオ炭を堆肥に混ぜて散布する「炭素隔離農法」することで、環境保全型野菜であるクルベジ普及に取り組んできました。同時に、こうした活動は地域課題の解決と密接に結びつけることで、大学の研究開発プロジェクトが地域社会の発展に直接的に寄与していくという、新しい地域開発モデルへの挑戦でもありました。

このプロジェクトは、亀岡市の多くの方々の理解と協力を得ながら、発展していきました。プロジェクトが進むにつれて、クルベジに取り組む農家、放置竹林伐採の地域活動、小学校での環境教育への活用など、様々な地域活動が展開されてきました。プロジェクトがスタートして４年目の2012年９月には、地元スーパーの協力を得て、クルベジの販売が本格的にスタートしました（4-2 クルベジ育成会の発足とその経過）。この取り組みには、地元農家が中心となって組織した「クルベジ育成会」の組織化が大きな役割を果たすとともに、もはや大学の研究開発プロジェクトを踏まえた経済活動への自立化でもありました。このように、大学の研究開発プロジェクトの成果を活用しつつ、地域社会の中で自立的な経済活動が生まれたことは、このプロジェクトが目指した挑戦の一つの到達点かもしれません。

こうした6年間のプロジェクトの成果を踏まえて、本ブックレットではこれまでの亀岡カーボンマイナスプロジェクトを大きく、5つのカテゴリーに分けて紹介しています。

第1に、「カーボンマイナスプロジェクトの全体像」を紹介します。この全体像は、プロジェクトが開始される当初から構想されており、こうした全体像を粘り強く提唱した立命館大学の柴田先生の活動が、地域の理解と協力を獲得していきました。

第2に「地域のバイオマスを活用した炭づくりと農業」では、放置竹林を活用した炭づくりのやり方や、実験で得られたデータに基づいた農業実験成果を紹介します。

第3の「クルベジの流通と地域ブランディング」では、クルベジの流通を支えるクルベジシールの試みと、亀岡市内の農業者の参画を促していくプロセスをまとめています。

第4の「地域との連携で広がる大学発！プロジェクト」では、社会連携の視点から、食育環境教育の取り組みと、様々なステークホルダーがクルベジの将来について考えた地域円卓会議について紹介しています。

最後に、「カーボンマイナス・ソサエティと持続可能な社会の構築」では、プロジェクトの成果を持続可能性の観点から市民社会の重層化という視点でまとめています。

これからカーボンマイナスの仕組みや成果、地域での活用を確認し、地域政策や地域活動を構想していくためのヒントを本書から探しみてはいかがでしょうか。

目　次

第１章　カーボンマイナスプロジェクトの全体像

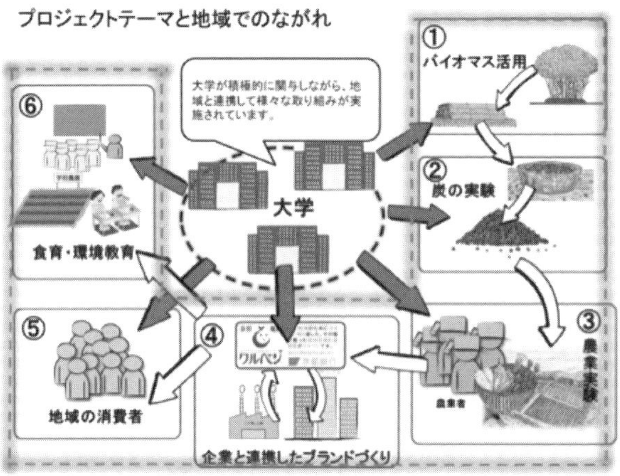

この章で解説していくポイント！

プロジェクト全体のシステムについて解説しています。

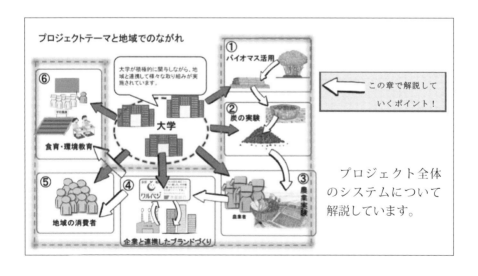

1　カーボンマイナスプロジェクトの全体像

1-1　はじめに

近年、地域における農林水産業といった1次産業の疲弊は、その担い手たる地域住民の高齢化をもたらし、山・森・川・農地といった地域の自然資源の荒廃をもたらしています。

次世代の食料と水の確保を考える場合、自然資源の維持・活用は必須で、そのためには社会全般において地域自然環境を維持するための環境保全というコンセプト（概念）が必要です。特に、次世代の食料と水の確保というキーワードにおいては、農業は切っても切れない関係にあります。

また、食料と水の確保という話の中で、気候変動は大きな脅威であり、その主原因は二酸化炭素に代表される温室効果ガスといわれています。この二酸化炭素削減も環境保全においては重要な要素です。

このカーボンマイナスプロジェクトは、地域農業の活性化と炭を使った二酸化炭素削減による環境保全というコンセプトをベースとした地域産品ブランドづくりとその販売を通じた、地域の人々から都市生活者までを巻き込んだ国民的な環境保全活動です。

1-2　カーボンマイナスプロジェクトの構造と流れ

①地域未利用バイオマス資源の有効活用と農地炭素貯留

地域未利用バイオマスは、地域によって多くの種類があり、代表的なものとして農産物残渣（稲わら、もみ殻、バガス、トウモロコシの穂軸、剪定枝、収穫後の枝・つる等）、林産物残渣（林地残材、バーク、製材端材等）、未整備竹林（竹材）、漁業残渣、畜産残渣等が挙げられます。こういった地域未利用バイオマスを地域のバイオマス循環を勘案しながら有効利用することが重要です。つまりLCA（ライフサイクルアセスメント）を使った二酸化炭素削減に対する有効性を確認する必要があると考えます。

カーボンマイナスプロジェクトは、このような未利用バイオマスを炭化して、焼却以外では非常に分解しにくい難分解性炭素（炭）の状態にして、農地に埋設することによって二酸化炭素の発生を抑え、二酸化炭素削減を行います。これは炭の、非常に長期（炭の種類や質によって半減期が120年〜５万年といわれている）にわたって炭素を保持する性質を利用した方法であり、地球内部から掘り出した化石資源による地表上の炭素総量の増加を相殺する方法です。つまり、石炭を使った代わりにバイオマス炭を埋めましょうという話です。

現在、実際に進めている亀岡カーボンマイナスプロジェクトでは、主として地域の未整備竹林から発生する竹を原料として炭づくりを進めており、今後安定的な地域循環資源としての竹林を計画的に整備することを考えています。たとえば、竹林は種類や気候条件によって差異はあるものの約15年で再生するとした場合、地域における対象竹林総量の1/15量を毎年計画的に伐採・採取して、地域のバイオマス量の持続可能性を勘案しながら有効利用するといったことが考えられます。つまり、地域の未利用竹林の資源化です。この資源を使って、竹の炭化を行い、その竹炭を農地に埋めて炭素埋設を行い、二酸化炭素削減をするのですが、竹林整備から竹炭埋設までの間で発生した二酸化炭素量が、炭素埋設による二酸化炭素削減量を超えたのでは意味がありません。そのため、それを実証的に計算し確認する作業を前述のLCAという技法を使って行います。その計算要素としては、竹林伐採、運送、炭化、運送、堆肥との混合、運送、農地埋設といった一連の作業に対する標準的な二酸化炭素排出量の計算が必要であり、亀岡カーボンマイナスプロジェクトでは、機能単位として一年間で100kg炭素を農地10aに埋設することを前提に計算しています。（**図1-1**）

農地に炭を施用することに関して、炭素貯留による二酸化炭素削減効果

図 1-1　バイオ炭を使った農地炭素貯留

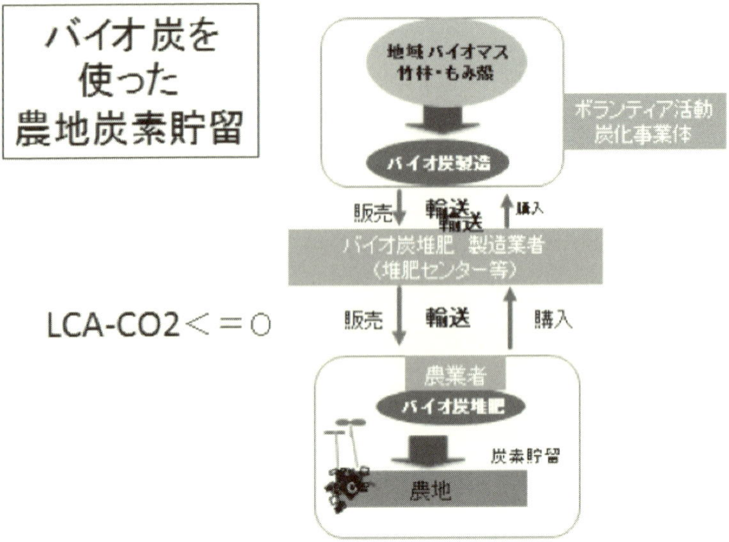

（出所）筆者作成

のほかに土壌改良効果があります。作物種や土壌状態によって、非常に有効に働きます。特に、劣悪な土壌（一例として、有機炭素保持能力が少ないために土中有機物が非常に少ないような土壌）に対しては非常に有効で作物量が1.2 倍から 2 倍になったといった実例報告が、海外の実証例を含め多くあります。

②環境保全野菜クルベジと企業 CSR（Company Social Responsibility）

農地に炭を埋設して、炭素貯留を行うにはバイオマス炭の購入もしくは製造および埋設費用が掛かります。バイオ炭の埋設は農地環境に対しては土壌改良効果と二酸化炭素削減効果で環境にはいいのですが、その費用対価をどこかで回収せねば持続可能な農業経営はできません。そこで、その費用を一般消費者に分かりやすく伝えて、消費者にも環境保全活動に購買を通じて参加してもらうことが重要です。環境保全というコンセプトは一般生活者にとって認識はあるものの、その環境価値を前面に出して商品を販売することに対しては、消費行動としてはいまだに一般化していません。

食品購入の現状は、「安心・安全」「美味しい」「安い」といった現実的（現在価値的）判断基準があげられるのですが、どうしても環境保全といった未来価値に関してはその指標・基準がないために一般には浸透しにくい側面があります。環境保全といった漠然とした価値は次世代のための未来の食料・水資源確保という未来価値であり、現実を生きる人々にとってはなかなか意識革新・行動革新にはなりにくい側面があります。

その点、農地炭素貯留による環境保全価値は現実的に計測可能で、科学的に表示が可能です。こういった、科学的根拠に基づいた炭素貯留・二酸化炭素削減効果のある農地で栽培された農産物を、地域環境保全ブランド「京都亀岡クルベジ」として地域の住民に販売し、優先的に購入してもらうことによって、炭素貯留のコストを回収する流れです。

③炭素貯留認証機関（京都炭素貯留運営委員会）

上述の流れにおいて、購入者としての地域の消費者は、鮮度や安全性・価格が同等ならば当然環境保全野菜を購入していただけると信じているのですが、果たしてどの程度の優位性を感じてこのブランドを認識してもらっているかは未だ不明です。この定着していない環境保全という付加価値の優位性だけでもって、バイオ炭を埋設する費用に充てるのは現状の一般消費者の理解度からは少々無理があるように感じます。そこで、この農地炭素貯留活動によって発生する炭素貯留量をカーボンクレジットとして第三者機関によって認証し、企業等に環境適応活動として認知してもらい、この活動に資金協賛してもらうことが必要になります。この資金協賛の方法として、一つはカーボンクレジットであり、もう一つがクルベジシール（**図 1-2**）や農地での協賛看板の設置（**図 1-3**）による宣伝です。これは、一般の企業広告の意味だけではなく、CSR（企業の社会的責任）活動という意味をふくみ、効率的な企業宣伝が図れます。企業名の入ったクルベジシールは、個々の農作物の店頭販売時に添付され企業の宣伝をするわけですので、この企業協賛金は個々の農家に対して船団協力金として支払われ個々の農家が購入するバイオ炭代金に充てられます。

図1-2　クルベジシールと添付状況、及び販売現場

（出所）：筆者撮影

図 1-3　企業看板

（出所）：筆者撮影

ここで登場した第三者機関による認証ですが、亀岡カーボンマイナスプロジェクトでは、京都炭素貯留運営委員会を地域の大学（立命館大学・龍谷大学・京都学園大学）と研究普及機関（森林総研関西支所・日本バイオ炭普及会）および市行政機関（亀岡市および亀岡農業公社）を構成員として平成 24 年 7 月 13 日に設立されました。この認証機関は京都府の公認機関である京都環境行動促進協議会（京都 CO_2 BANK）から同年 8 月 28 日に京都独自クレジットの運営機関の指定を受けて活動をしています（**図 1-4** 指定書）。

図 1-4　指定書

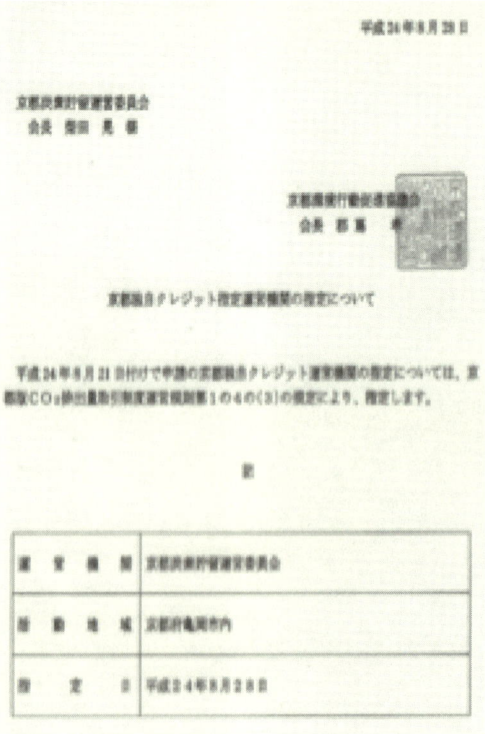

図 1-5　農業者と第三者機関および消費者・企業の関係

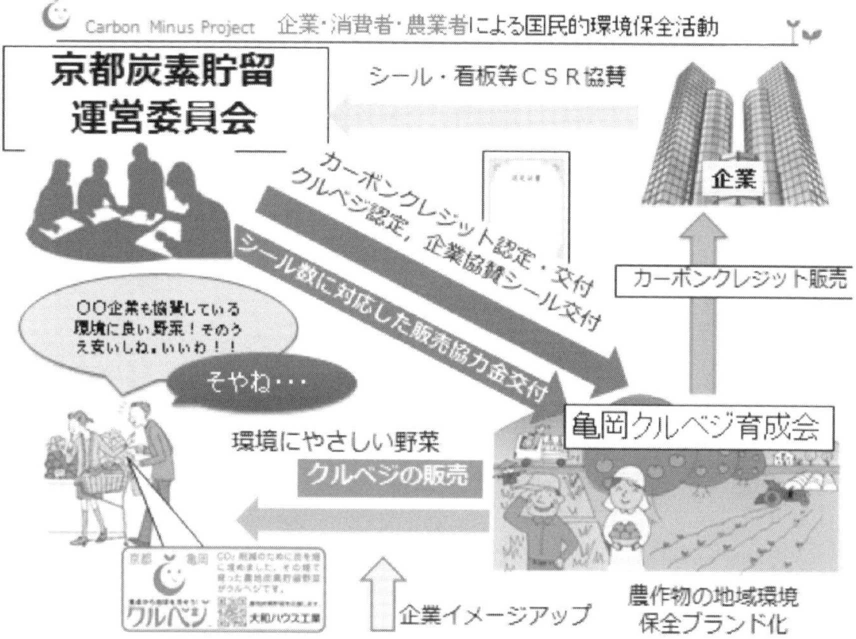

（出所）：筆者作成

農業者と第三者機関および消費者・企業の関係を**図 1-5** に示します。このスキームにおいては、クルベジ農作物ブランドの品質を守るために、クルベジ商標の通常使用権設定契約を農業者の会である亀岡クルベジ育成会とブランド権者の日本バイオ炭普及会が締結して、ブランド開発を行います。これによって、農家の足並みをそろえて、消費者に受け入れられる安全・安心かつ新鮮な環境保全農作物の販売をめざし、規格外品の不正な販売や不良品の販売をなくします。

④亀岡カーボンマイナスプロジェクトの全体像

最後に全体像の図を提示します。関係する方々が非常に多く存在し、そ

れぞれの立場でこのスキームを支えていただいています。（図 1-6）

図 1-6　亀岡カーボンマイナススキームの全体像

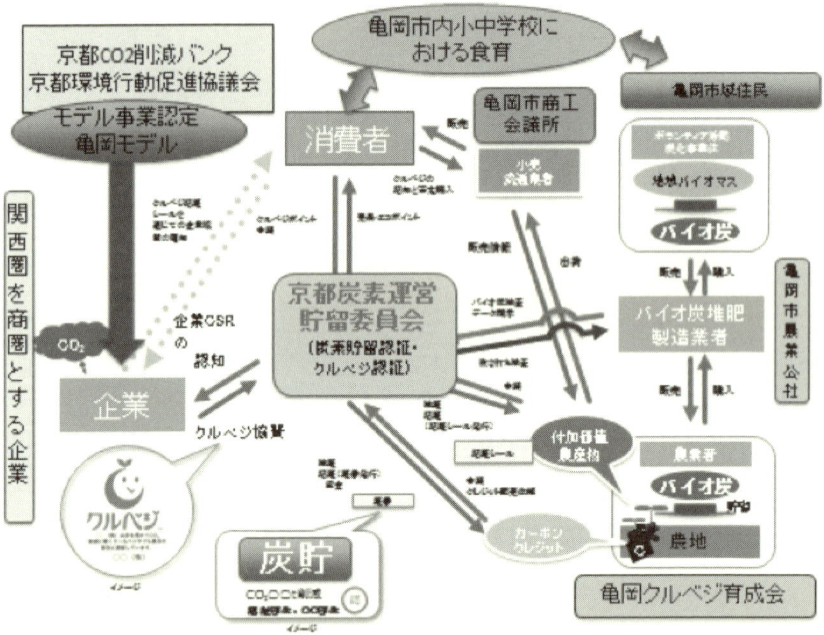

（出所）：筆者作成

亀岡市域の住民による地域の竹林整備と竹炭作りに始まり、その作った竹炭を亀岡市農業公社に搬入し牛糞堆肥と 1：3 の比率で混合します。この混合比率は 10a あたりのクルベジの機能規格を 100kg 炭素と定めており、その炭素含有率から計算した値です。その炭堆肥を亀岡クルベジ育成会に参加するそれぞれの農家の農地に農業公社の手によって散布し、記録します。この記録に対して京都炭素貯留運営委員会が認証を与えるわけです。それと同時に、亀岡クルベジ育成会にはクルベジシールが与えられます。このクルベジシール貸与については、商標使用に関する契約を亀岡クルベジ育成会と商標権者である日本バイオ炭普及会との間で結んでいます。それによって不正使用を防ぎ、クルベジの品質を守ります。要するに、亀岡クルベジ育成会の会員の中で、不正に炭素貯留していない畑で採れた農産物を出荷したり、品質の悪い農産物を出荷したりした場合、商標法によって損害賠償を含む規制を行うことになりますので、よりその厳格性が問われるという話です。

現在は、亀岡市内の２つのスーパーマーケットでクルベジシールを添付した農作物を販売させてもらっています。ここで販売された数量つまりレジを通過した数量に対してクルベジの販売補助金が与えられます。この販売補助金の元となるのが協賛企業からの協賛金です。現在は販売数量に対して 10 円の補助金を出していますが、これも企業協賛金の多寡によって変動します。

一方、小売店頭を含めた市場開発として、市内の飲食店でのクルベジ農産物の使用店舗に対するクルベジロゴの使用を進めており、一般市民への浸透を図っています。また、同時に亀岡市内の学校給食でも、年に数度クルベジ農産物を食材として使った給食を提供しています。このタイミングで、各学校においては二酸化炭素削減とクルベジの関係の環境教育を食育として行っています。これも大きな意味での、市場開拓となります。

1-3　謝辞

この地域開発運動は、京都府亀岡市のクルベジ育成会の方々、特に会長の森川佳明様、亀岡市役所の田中秀門様はじめ多くの方々のご協力をいただき進めている運動です。ここに謹んで謝意を申し述べます。なお、この運動の基となる種々の研究は JSPS 科研費（23310034）「未利用木質バイオマスを用いた炭素貯留野菜による CO_2 削減社会スキームの提案と評価」の助成を受けて行われました。

（柴田　晃）

第２章　地域のバイオマスを活用した炭づくりと農業

2-1　放置竹林を活用したバイオ炭のつくり方と持続可能な社会生態システム

2-2　炭に含まれる炭素と炭の農業利用－炭素貯留実験から－

コラム：炭の炭素隔離による二酸化炭素の削減効果（地域 LCA 評価の視点）

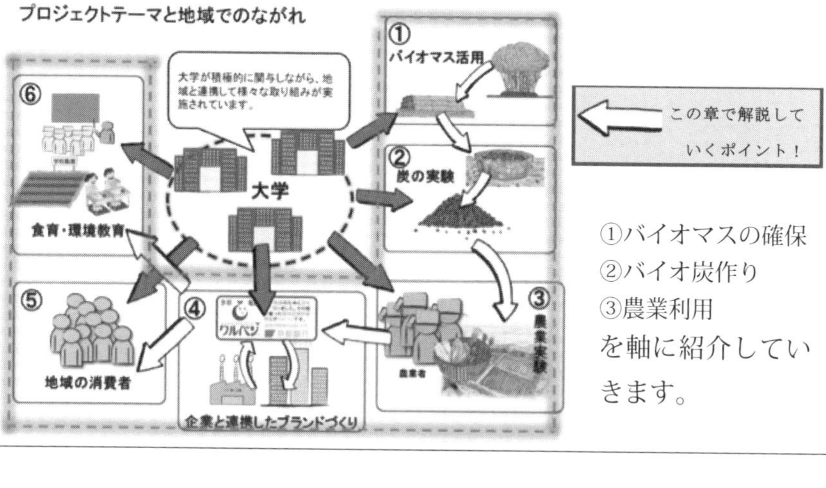

①バイオマスの確保
②バイオ炭作り
③農業利用
を軸に紹介していきます。

2-1　放置竹林を活用したバイオ炭のつくり方と持続可能な社会生態システム

はじめに

亀岡カーボンマイナスプロジェクトでは、全国的な地域課題となっている放置竹林を活用し、バイオ炭をつくっています。亀岡では、もともと建築用資材として真竹の産地でしたが、竹需要の減少に伴い、放棄された竹林が増えています。また、農林業の衰退とともに、竹林の森林や耕作放棄地への侵食は、地域課題にもなっています。亀岡ではこうした放置竹林にカラス、サギ、イノシシ、タヌキなどが住みつき、宅地近辺では騒音・悪臭問題、田畑の付近では獣害被害をもたらしています。プロジェクトではこうした地域課題の解決とリンクしながら、バイオ炭の原料として放置竹

図 2-1-1　放置竹林対策の実施前、実施後の様子（亀岡市河原林）

（出所）筆者撮影

林の有効活用を目指しています。

2-1-1　放置竹林伐採に使用している機械

亀岡だけでなく、京都近郊の自治体では放置竹林の被害と対策に数多くのボランティア団体が活動しています。しかしながら、プロジェクトで実施している農地炭素貯留を行うためには、大量のバイオ炭が必要になります。その為に多くのバイオマスを放置竹林から確保する必要があり、当初から林の伐採には機械の導入を検討していました。プロジェクトでは、これまでブッシュチョッパーとバンブーカッターという２種類の竹林伐採用の機械を使っています。いずれの機械も油圧ショベルカーのバケットを、竹を切る専用の機械に交換するだけで使うことができます。

ブッシュチョッパーは、アグリパートナー宮崎が製造販売している機械です。機械の中にある 48 枚のナイフを高速回転させ、竹の伐採と粉砕を同時に行うことができます。放置竹林の処理能力は、カタログでは１時間あたり 300~1000m^2 といわれています。プロジェクトで実施した放置竹林伐採では、約 1ha の放置竹林を 31 時間かけて伐採が行われ、１時間の平均で 322m^2 の放置竹林を伐採できました。ブッシュチョッパーの特徴である伐採と粉砕を同時に行う特徴から、伐採した竹は図のような

図 2-1-2　ブッシュチョッパーとチップ写真

（出所）筆者撮影

8~15cm くらいチップになります。一度に多くの放置竹林を伐採する時に威力を発揮する機械です。

バンブーカッターは、九州ナカミチが製造販売している機械です。図のようにアームの先端にある爪で竹をはさんでナイフで切る仕組みで、竹を「根本から切る」「引きづり出す」「適当な長さに分断する」の三つの機能を備えています。竹の樹種にもよりますが、3、4 本を一度に伐採できる性能を持っています。カタログでは 1 日 150 坪（$495.86m^2$）の伐採が可能とあります。プロジェクトで使用した際には、1477 の放置竹林を 24 時間（3 日間）かけて伐採されており、ほぼカタログどおりの性能が発揮されました。バンブーカッターは、先にあげた三つの機能から、5 m くらいの長さ、1 本ごとなど好きな長さに竹をカットして保管できます。

図 2-1-3　バンブーカッター伐採（亀岡市曽我部地区での伐採現場）

（出所）筆者撮影

このようにプロジェクトでは、放置竹林の立地や広さ、その後のバイオ炭のつくり方などにあわせて、異なる特徴を持った 2 つの機械を選択し、放置竹林の伐採を進めています。

2-1-2　竹を使ったバイオ炭のつくり方

放置竹林で伐採された竹は、多量の水分を含んでいます。そのため、そのまま炭焼きの工程に入ってしまうと、できあがる炭の量（収炭率）が少なくなってしまいます。伐採した竹は、現場で半年ほど野積みにして乾燥させることが重要です。

十分に乾燥させた竹を、1 メートルほどの長さで輪切りにし、いよいよ炭焼きに取りかかります。炭焼きというと、高価な設備を用いた工業的な製炭や、経験豊富な職人の高度な技術を必要とする伝統的なものを想像されるかもしれません。しかしそのような方法では、地域の農家や一般の方々が気軽に参加できるような活動にはなりません。そこで亀岡カーボンマイナスプロジェクトでは、株式会社モキ製作所が考案した「無煙炭化器」と呼ばれる道具を用いて、誰でも簡単に、そして短時間で炭焼きができるような工夫をしています。この炭化器は、直径が 1.5 メートルで、底の抜けた「シャンプーハット」のような形状をしており、軽トラックの荷台などに載せて、作業現場まで運搬することができます。

図 2-1-4　無煙炭化器

（出所）モキ製作所ホームページより

無煙炭化器による炭焼きは、次の**表 2-1-1** のような手順で行われます。ここでは例として、午前 9 時に現場に集合した場合を想定して紹介しています。

表 2-1-1　実験で行った炭焼き作業モデル

時間	作業（人員）	備考
9:00	現場に集合。 現場の下草を払い、炭化器を設置する。 消火・冷却用の水源を確保・準備する。	水道が無ければ、川や農業用水からポンプでくみ上げる等の工夫が必要。
9:15	炭化器に種火を起こし、炭焼き作業の開始。 （1 器につき 4 名程度） 乾燥させておいた竹を、輪切りにする（4 名）	
9:30	十分に火が回った炭化器に、輪切りにした竹を投入していく。	
	燃焼のようすを見ながら、随時、竹を投入。	竹の乾燥が不十分であれば、ここまでの工程により時間を要する。
12:00	炭化器の上辺まで炭化した竹でいっぱいになったのを確認して、水をかけ、消火・冷却する。	
12:30	昼食休憩	
13:00	午前中と同様の手順で、作業再開。 ↓	午後 5 時まで作業した場合、最大で 2 回、同じ手順を繰り返すことができる。
17:00	撤収	

【無煙炭器を使った炭作り～作業手順～】

現場の下草をある程度はらったうえで、水平な地面に炭化器を設置します。

炭化器の内部に、たき火と同じ要領で種火を起こします。火が付いたら、輪切りにした竹を徐々に入れていきます。

この時、井桁を組むように、炭化器の全体に偏りなく竹を入れていくと、効率よく炭ができるようです。

炭化器の上部では、燃焼した竹が炎を上げますが、底の方は酸素が供給されないため、炭化が始まります。炭は底のほうから徐々に溜まっていきますので、様子を見ながら、随時竹を追加投入していきます。

炭化器の上辺のところまで炭でいっぱいになったら、水をかけて冷まします。この時、十分に熱をとらないと、自然に火が付いてしまい、せっかくできた炭が灰になってしまうだけでなく、火事が起きる危険性もあるため注意をする必要があります。

実験で行った炭焼き作業では、竹を輪切りにする作業に４人、２台の炭化器にそれぞれ４人の計 12 人で作業をしました。３時間の作業で、約 570kg の竹から、約 180kg の炭（重量比で約 30%）を作ることができました。このようにしてできたバイオ炭の炭素率は、85% 前後で、一般的な竹炭 79%~82%（池嶋、1999）[1] と同等でした。収炭率は、炭の材料、材料に含まれる水分量、作業当日の天候等によって大きく違います。収炭率を上げるポイントのひとつは、やはり十分に乾燥させた材料を用いるということです。

図 2-1-5　無煙炭化器による炭作り
（左：竹を投入した様子、右：水をかけて冷ます）

（出所）筆者撮影

2-1-3　社会生態システムからみた放置竹林からバイオ炭をつくる取り組み

ここからは、放置竹林からバイオ炭をつくる取り組みの意義について考えてみたいと思います。この取り組みは、分断が進んだ地域の社会と生態

1　池嶋庸元著、岸本定吉監修「竹炭・竹酢のつくり」方と使い方―農業・生活に竹のパワーを生かす」財団法人農村漁村文化協会、1999

系との関係を再構築することで、地域の新たな姿を提示しようとする試みです。ここでは、地域の社会と生態系との関係をよく見るために、「メガネ」の役割を果たす「分析装置」を導入してみたいと思います。それは、Ostrom（2007, 2009）による「社会生態システムの枠組み（Social-ecological systems framework）」（**表 2-1-2** の項目）というもので、地域の社会－生態システムが持続可能かどうかを調べるための「分析装置」です。

「社会生態システム（Social-ecological systems）」とは、社会、生態系、両者の関係をひとまとまりとして捉えたものです。そして、社会生態システムの枠組みとは、自然と社会が相互に影響を及ぼし合っている様を捉えた上で、その持続可能性を診断するための理論のことです。この枠組みの特徴は、（1）個々の人間の行動、（2）集合的行為のジレンマの下で個人に作用する直接的な変化といったミクロな状況、（3）広範な社会－生態系のコンテキスト、というスケールが異なりながらも相互に関係している三つのレベル（Pottete et al.(2010)）の話について、同時に議論することを可能にしている点です。

各々の専門分野で持つ分析方法に沿って議論を始めると、その方法で扱える範囲での議論にとどまらざるを得ません。しかし、この枠組みを使って社会生態システム全体をみる視点に立つと、その複雑さに圧倒されることなく理解するためにはどのような分析が必要か、見通しを立てながら議論することができるのです。また、この枠組みの項目に沿って記載していった結果、記載が無い項目は、検討が必要な点であることがわかります。これを見た人が、課題の克服に向け、次はこの活動をやろうと方針を立てたとしましょう。このとき、この枠組みは「指針づくりの道具」の役割も果たしているのです。

このような社会生態システムの枠組みですが、放置竹林からバイオ炭をつくる取り組みに適用できるのでしょうか。まず、放置竹林は地域の自然資源です。次に、放置された状態から生産、加工、利用、消費に至る過程は、放置竹林の扱いおよび共同管理制度についての集合的な選択の結果と捉えることができます。したがって、この取り組みは生態系と社会とを横断する系であり、この枠組みで議論することができるでしょう。

では、放置竹林からバイオ炭をつくる取り組みは、社会生態システムの持続可能性を高める上でどのように貢献しているのでしょうか。**表 2-1** は、本節の執筆者三名が「社会生態システムの枠組み」に則して、亀岡カーボンマイナスプロジェクト事例の状況を項目ごとに書き込んだものです。ここでは、第１章にてプロジェクトの全体像として示した、炭堆肥として施用し、協賛企業にクルベジシールの購入を募り、収穫したクルベジを消費するに至る全ての過程を対象に分析しています。この表を用いて、放置竹林からバイオ炭をつくる取り組みを、放置された状態から生産、加工、利用、消費に至る過程全体から検討してみましょう。

全体を見ると、項目のほとんどに何らかの書き込みができています（この表に至った詳細の経緯は別の機会に譲ります）。この結果を見れば、放置竹林からバイオ炭をつくり、クルベジとして地域ブランド化する亀岡カーボンマイナスプロジェクトの取り組みは、社会生態システムの持続可能性を確保する上で配慮すべき項目のほとんどに関係している、あるいは議論の起点になっていることがわかります。なかでも「U6 規範／社会資本」と「U9 利用される技術」は、亀岡における放置竹林を用いた簡易炭化器によるバイオ炭づくりの特徴を明確に表しています。

まず、「U6　規範／社会資本」には、「産官学民連携モデルの形成」「プロジェクトを通じて新たに亀岡に関わる人々との関係の形成」と記載があります。これらは、この事例での配慮の視点として、大学が連携の拠点の一つとなり、プロジェクトの構図を示しつつ（U5）実践できているかどうか（I 全項目、O 全項目）という点があることを示しています。また、地域の社会生態システムに炭を核とした新たな回路をプロジェクトとして加えた結果、回路の各過程で地域内外の様々な立場の人が関わるようになったかどうか（U2）、これらの人々が自己組織的に活動を展開しているかどうか（I7）が、配慮の視点と成り得ることを示しています。文中の（　）

で示したのは、関連する項目です。

次に、「(U9) 利用される技術」では、どのような「中間技術」がどのように利用されているかが、配慮の視点に成り得ることがわかります。この事例では、最先端の高度な技術であることよりも先に、地域の人々が使いやすい技術であることが求められます。近年見直されつつある適正技術論の観点からいえば、「それぞれの社会に受容され、人々がコントロールできる技術」ということです（田中（2012））。竹と炭に高度の品質を求めないことが、こういった技術を導入できる主な理由です。言いかえると、技術・設備的な要因で炭を作れなくなる心配がありません。これにより、「炭づくり」を目的の中心に据え続けることができ、地域づくりの中で揺らぎにくい回路としてプロジェクトでの取り組みを提供できるのです。なお、今回は「ブッシュチョッパー、バンブーカッター」「簡易炭化器」といった利用されている機材の名称のみを挙げています。「どのように利用されているか」の記載については、時期ごとの比較ができるまで事例が推移するのを待ちたいと思います。

こういった特徴が見えた一方で、「(GS6) 集合的選択のルール」「(I4) 利用者間のコンフリクト」「(O2) 生態学的な達成度の尺度（一部）」については、今後に向けて更なる検討が必要だということも見えてきました。バイオ炭を核とした亀岡での取り組みを評価するには、自然、社会のどちらの側面においても、もう少し時期を待つ必要があります。しかし、コミュニティでマネジメントできる適正な技術・手法を配置することで、持続可能な社会への変革を促す新たな回路を作った。この点は確かなことだと、現時点でも結論付けてよいのではないでしょうか。

（執筆者：定松　功、田靡　裕祐、熊澤　輝一、関谷　諒）

表 2-1-2　社会生態システムの枠組みと放置竹林からバイオ炭をつくる

（CSR 認証・クルベジ販売に至る過程も含む）取り組みの対応（灰色地：今後取り組むべき課題）

Ostrom(2009) を訳した。

社会的・経済的・政治的環境	
S1　経済発展 .	・ほぼ横ばい
S2　人口動向	・京都寄り、JR 沿いでの増加・周辺の旧集落で減少
S3 政治的安定度	・現市長は三期目
S4 政府の資源政策	・亀岡市地域新エネルギービジョン・天然記念物保護（アユモドキ）・カーボンマイナスプロジェクト
S5 市場の誘因	・六次産業化・排出量取引
S6　報道機関	・新聞・TV 等での報道・受賞等による報道のきっかけの享受

RS　資源システム		GS　統治システム	
RS1　部門（例：水、森林、草原、魚）	・放置竹林　・農地	GS1　政府組織	・亀岡市、京都府
RS2　システム境界の明確さ	・亀岡市内の竹林（真竹）、農地	GS2　非政府組織	・保津竹林整備協議会、農事組合法人ほづ、市内流通業者、日本バイオ炭普及会、京都学園大学、龍谷大学
RS3　資源システム（※）の大きさ	・カーボンマイナスプロジェクトの運営体制・方法に依存。	GS3　ネットワーク構造	・GS1,GS2 で示した主体間のリンケージ。農業、放置竹林対策、食育、ブランド化など分野別のプロジェクト体制がつくられている重層的なネットワーク構造。
RS4　人間が作った施設	・簡易炭化器　・亀岡市土づくりセンター（(財) 亀岡市農業公社）	GS4　所有権制度	・私有地内の竹林　・公有地内の竹林
RS5　システム（※）の生産性	・真竹の竹林は 10 年程度でバイオマス量的には元に戻る。	GS5　運用ルール	・各種法令に則った竹林整備、炭焼き。 ・京都炭素貯留運営委員会による炭素の土中隔離量の認証ルールの策定（100kgC ／ 10 a ／年） ・クルベジ育成会にて、クルベジの出荷等のルールづくりを協議。
RS6　平衡特性	・竹林の森林への浸食 ・放棄地の竹林化	GS6　集合的選択のルール（※）	☆これからの作成が見込まれる。
RS7　システムダイナミックス（※）の予測可能性	・炭堆肥施用後の土中における固定炭素量の予測。ただし、炭の挙動について、今後も更なる解明が必要。	GS7　構成上のルール	・京都炭素貯留運営委員会の規則

RS8　保存特性	・切った真竹を乾燥させることで長期保存が可能。 ・無機炭素（炭）は化学的に安定。	GS8　監視と制裁のプロセス	・炭のサンプル調査による炭素率等のモニタリング。
RS9 位置	・近隣の竹林 ・炭焼きの場所：亀岡市内の竹林の近く、田畑脇、空き地 ・加工場所：亀岡市土づくりセンター ・施用場所：亀岡市内の農地		
RU　資源の構成単位		U　利用者	
RU1　資源の構成単位の流動性（※）	・竹林は移動しない。他の自然的現象、生物による移動もない。	U1　利用者数	[真竹]：地権者（数名）、竹材加工業者（数名）、炭作りに利用するボランティア（多数）・大学（3大学）、亀岡市 [炭]亀岡市土づくりセンター [炭堆肥]農業者（20農家） [CSR認証]企業（協賛企業数） [クルベジ]　消費者（多数）、飲食店（1件）、流通業者（1件）、学校（亀岡市内の小中学校）
RU2　成長もしくは交換率	・早い成長速度	U2　利用者の社会経済的属性	[真竹]地権者、竹材加工業者、炭作りに利用するボランティア・大学（研究目的の経費支出）、亀岡市（補助金支出） [炭]亀岡市土づくりセンター [炭堆肥]農業者（←亀岡市（補助金支出）） [CSR認証]企業 [クルベジ]消費者､飲食店､流通業者､学校（給食での利用）
RU3　資源の構成単位間の相互作用	・竹が増えると地盤が不安定になり、土砂崩れが起きやすくなる。 ・放置竹林対策を行わないことによるシカ・イノシシの増加。 ・放置竹林対策を行わないことによるカラス・サギの増加。	U3　利用の歴史	7年程度
RU4　経済的価値	（＋） ①企業の環境CSR認証 ②カーボンクレジット化 ①②を踏まえた「クルベジ」としてのブランド化 （－） ・獣害による農業被害 ・日照権などの環境権の侵害	U4　場所	・真竹：亀岡市内の竹林の近く、田畑脇、空地 ・炭：亀岡市土づくりセンター ・炭堆肥：亀岡市内の農地

RU5　構成単位の数	・過剰な放棄竹林	U5 リーダーシップ／起業家精神	・大学側：構図を提示。 ・亀岡市：事業実施をコーディネート。 ・分野ごとにリーダーが育っている。
RU6　特徴的な印	・バイオ炭 ・クルベジ	U6 規範／社会資本（※）	・産官学民連携モデルの形成 ・プロジェクトを通じて新たに亀岡に関わる人々との関係の形成
RU7　空間的かつ時間的な配分	・真竹の過剰な供給（配分）	U7　SES／心的モデルについての知識（※）	・カーボンマイナスプロジェクトのスキーム図
		U8　資源の重要性（※）	・バイオ炭：化石燃料に代替可能 ・炭堆肥：有機肥料、化学肥料に代替可能
		U9　利用される技術	[中間技術] ・ブッシュチョッパー、バンブーカッター ・簡易炭化器
I　相互作用　→O　結果			
I1　多様な利用者の収穫水準	[放置竹林利用者] ・地権者・亀岡市：過剰分の伐採 ・竹材加工業者：生産に必要な量 ・炭作りに利用するボランティア・大学・亀岡市：バイオ炭づくりに必要な量 [炭利用者] ・亀岡市土づくりセンター：炭堆肥づくりに必要なバイオ炭の獲得 [炭堆肥利用者] ・農業者：クルベジ生産量に見合った炭堆肥の獲得 [CSR 認証利用者] ・企業：購入可能量 [クルベジ利用者] ・消費者、飲食店、流通業者、学校：利用に必要な量のクルベジの獲得	O1　社会的な達成度の尺度（例：効率性、公平性、説明責任、持続可能性）	・炭素のライフサイクル・アセスメント（LCA）：マイナスで推移すること。 ・クルベジの販売推移：一定の売り上げ。増減の傾向 ・（放置竹林対策に伴う）野生生物による農業被害の減少 ・地元出荷率の増加 ・若手農業者の就業、農業者の平均年齢引き下げ。 ・食育実施による子どもへの効果 ・消費者の環境保全に対する理解度 ・地域の経済への貢献の評価
I2　利用者間で共有している情報	<<代表的な事柄を記載>> ・消費者への PR 方法が課題であること。 ・バイオ炭由来の炭堆肥を施用することにより CCS を実現できること。 ・炭は環境に悪影響は及ぼさないこと。 ・プロジェクトと農業者間の意思疎通は、クルベジ育成会を通じて良好であること。 ・放置竹林対策を行った現場では、総じて良好な反応が地域からあること。		

I3　討議のプロセス	・クルベジ育成会における農業者間の討議。 ・亀岡クルベジ円卓会議における消費者と農業者、プロジェクトと市民などの間での討議。	O2　生態学的な達成度の尺度（例：乱獲、回復力、生物多様性、持続可能性）	・炭素のライフサイクル・アセスメント（LCA）：マイナスで推移すること。
I4　利用者間のコンフリクト	☆プロジェクトの運営に必要な自然的・社会的な資源が不足した際に起こり得るコンフリクトの可能性		☆放置竹林の利用によるバイオマスの循環効率 ☆放置竹林の伐採による生物多様性の向上
I5　投資活動	・亀岡市：炭堆肥に対する補助金支出 ・企業：クルベジシールへの投資 ・大学：研究費申請・支出	O3　他のSESへの外部性	・炭素隔離による気候変動緩和への貢献 ・放置竹林対策による獣害被害の減少 ・放置竹林対策による日照権の回復 ・放置竹林対策とカラスの棲み家の移動 ・他の自治体区域での導入促進
I6　ロビー活動	・直接は行わず、活動の成果と普及をもって代替する。		
I7　自己組織化活動	・分野別のネットワークに基づく分野別のプロジェクト体制構築（例：クルベジ育成会）		
I8　ネットワーキング活動	・「『亀岡カーボンマイナスプロジェクト』に関する研究・事業協力協定」（立命館大学・龍谷大学・京都学園大学・亀岡市） ・分野別のネットワーキング活動 ・消費者をつかむことを通したプロジェクトへの理解の喚起。		

⇕

ECO　関係する生態系	
ECO1　気候のパターン	・地球温暖化が進む過程にある。 ・農業生産する種の変化
ECO2　汚染のパターン	・産業廃棄物の不法投棄と放棄竹林との関係 ・放置竹林と獣害被害との関係 ・放置竹林と周辺住宅の日照との関係
ECO3　焦点を置いたSES内外への流れ	・放置竹林とカラス・サギの行動との関係 ・炭による炭素の固定化による効果

（※）自己組織化に関連して見出された変数の部分集合

参考文献

・Ostrom, E.（2007）A diagnostic approach for going beyond panaceas, Proceedings of the National Academy of Sciences, Vol.104, No.39, pp.15181-15187

・Ostrom, E.et al.（2009）A General Framework for Analyzing Sustainability of Social-Ecological Systems, Science 325, pp.419-422

・Poteete, Amy R. et al. (2010) Working Together ? Collective Action, the Commons, and Multiple Methods in Practice, pp.215-245, Princeton University Press

・野口寛樹・定松功・大石尚子（2013）「大学を中心とした産官学民連携による地域活性化－亀岡カーボンマイナスプロジェクトの事例を中心に－」, 非営利法人研究学会誌 Vol.15, pp.143-154

・田中直（2012）『適正技術と代替社会』, 岩波新書 , pp.157-161

参考 HP

・モキ製作所：http://moki-ss.co.jp/

・九州ナカミチ株式会社：http://www.kyushu-nakamichi.com/

・株式会社アグリパートナー宮崎：http://agripartner.co.jp/

2-2　炭に含まれる炭素と炭の農業利用
－炭素貯留実験から－

はじめに

亀岡市に位置する京都学園大学バイオ環境学部では、2008 年度のパイロット試験から現在の亀岡カーボンマイナスプロジェクトに至るまで、亀岡市の農地での炭素貯留実験に携わってきました。

カーボンマイナスプロジェクトのストーリーは以下のように展開します。

バイオマスから炭を製造する。

農地に製造した炭を一定量以上施用し作物を栽培する。

収獲された作物をブランド化（「クルベジ」と命名）する。

二酸化炭素削減などの環境問題に興味を持つ企業に呼びかけて、「クルベジ」シールに、企業名の掲載を行うことで出資（広告料）を募る。

「クルベジ」シールを張った野菜を販売する。

このストーリーの基盤となるところが、初めの部分である「炭の製造」「作物の栽培」です。二酸化炭素の削減を目的の一つとしているこのプロジェクトにとって、どれくらいの二酸化炭素が削減できるのかということはとても大切なことです。また、二酸化炭素が削減できても作物が育たなければプロジェクトとして成立しません。炭素貯留実験は主にこの 2 点に焦点を当てて行っています。この節ではこの 2 点についてこれまでの研究の成果をご紹介したいと思います。

2-2-1　炭の製造と削減される二酸化炭素量

これまでこのプロジェクトで使用したのは農地の近隣にある放置竹林から得られた竹材を原料とした竹炭です。一部食品残さ炭を利用したこともあります。2010 年の 12 月に亀岡市河原林の放置モウソウチク林の伐採を行いました。その後、竹林に放置することで乾燥させて、2011 年の 6 月（夏季）と 12 月（冬季）にモキ製作所の無煙炭化器で炭化しました。

炭化器 5 台を使い、それぞれ 2 回ずつ炭化をおこない、各炭化器の上部 3 か所、中央部、下部 3 か所の計 7 か所から竹炭のサンプリングをし、実験に供しました。この時の炭素含有率ですが、夏季の場合で 80 ～ 90％、冬季の場合で 80 ～ 87％という結果でした。同じ炭化器の中でも 10％近く差があることがわかりました。比較のため調べた電気炉で 400℃、600℃および 800℃で作成したモウソウチクの竹炭と 2009 年に無煙炭化器で作成したマダケの竹炭の結果も合わせて**表 2-2-1** に示します。電気炉で作成した炭を比較すると、低温であるほど炭素率は低くなりますが収炭率は高いことがわかります。野焼き竹炭の結果をみると、収炭率は 20％未満で炭素率は 400℃で作成した炭よりも高くなっていることから、それ 400℃以上の温度で製炭されていると考えられるでしょう。いずれにしても、野焼き竹炭は 80％以上の炭素率であると考えてもよさそうです。

ところで、炭化率は製炭のロットごとに異なる上に、同じロットでも炭化器の場所でも炭化率は変わってきます。そのため毎回測定した方が確実な値が得られます。しかし、炭素率の測定には高価な実験機器が必要ですから、手軽に量ることはできません。特殊な装置を必要とせず容易に量れるもので炭素率を推定できれば、炭素隔離量が簡単にわかり、今後のプロジェクト発展のために有効であると考えられます。

表 2-2-1　竹炭の炭素率の比較

	収炭率 (%)	炭素率 (%)	灰分 (%)
400℃	30.2 ± 0.7	77.2 ± 0.2	
600℃	29.4 ± 0.8	86.0 ± 0.9	3.9
800℃	15.0 ± 3.2	83.6 ± 4.1	5.2
夏季	15.8 ± 6.3	86.1 ± 2.9	6.9 ± 2.2
冬季	17.5 ± 2.1	83.7 ± 2.5	5.4 ± 1.9
マダケ野焼き	27.7	80.5 ± 1.8	4.7 ± 1.8

図 2-2-1　炭素率と電気抵抗の関係

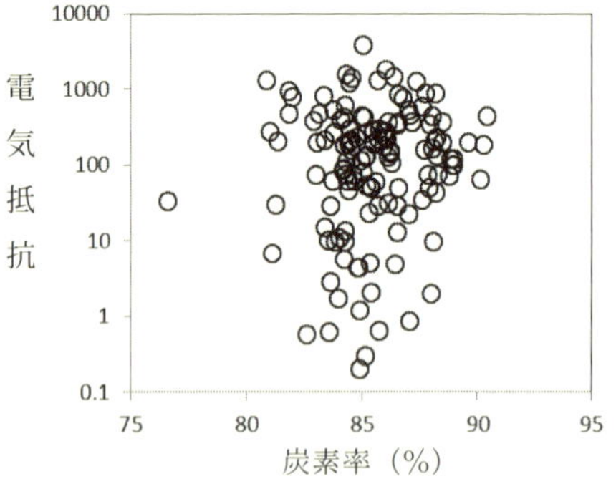

炭化率が高くなるということは、炭素が結晶構造をとりやすくなるということですので、電気抵抗が小さくなる可能性があります。そこで、炭素率と電気抵抗の関係を調べてみました。その結果が**図 2-2-1** になります。残念ながら、顕著な関係は見られませんでした。炭の電気抵抗は測定している２点間の方向 (元の植物の繊維方向かその直角方向か) によって変わってきます。このデータはすべて繊維方向で測定したものですが、今後こういった材料の異方性を軽減するような紛体などで測定を行ってみる必要があるでしょう。

以上のことから、炭素率については、実際に測定するか、そうでない場合は**表 2-2-1** から推定して最低で炭素率は 80%としておけば問題はなさそうなことはわかりました。

現在の亀岡カーボンマイナスプロジェクトでは 10 アール当たり最低 100 kg の炭化物を施用が必要です。炭の炭素率を容易に測る方法は先ほどもお話ししたようにまだ見つかっていませんが、簡易炭化器で作成した竹炭の場合、平均の炭化率が約 85%です。したがって、100 kg の炭化物を施用した場合、二酸化炭素の削減量はおおよそ 310 kg 程度になります。炭素含量を低めに見積もると 80%になりますから、そのときは 290 kg ということになります。

2-2-2. 炭の施用畑地での栽培

カーボンマイナスプロジェクトにおいて高い二酸化炭素削減効果を目指すためには、より多くの炭化物を農地に施用する必要があります。炭化物が土壌改良材として有効であることは、古くから知られています。しかし、施用量については決まった量があるわけではありません。経験によるところが大きいと考えられます。どの作物にどの程度の炭化物を施用すれば、作物に対してプラスの効果が得られるのでしょうか。あるいは、どの程度までの炭化物を施用してもマイナスの影響がでないのでしょうか。また、同じ農地に炭化物を毎年施用しても農作物に影響は出ないのでしょうか。こういったことは、炭化物施用の取り組みを広めていくうえで、確認しておく必要があります。

これまで、亀岡市内の複数の圃場でムギ、コメ、キャベツ、ネギ、ハクサイ、ジャガイモの栽培を行ってきました。ムギでの成果は以前のブックレット（地域ガバナンスシステムシリーズ No. 14）でも紹介されています。ここでは2011年度と2012年度同じ圃場で連作した、コマツナ、キャベツ、ハクサイ、ネギ、ジャガイモについての結果をお話ししようと思います。

亀岡市馬路にある南北に26 m、東西に12 mの方形圃場で実験を行いました。2011年、2012年共に春先に圃場全体にさくら有機堆肥（（財）亀岡市農業公社）を10アールあたり3m^{3}施肥しました。そののち、2011年度は東西方向に三分割を、2012年度は、南北方向に三分割して、10aあたり0 t、2 t、4 t相当の竹炭を施用しました。したがって、1年目は10アールあたり0 t、2 t、4 tの3試験区で、2年目は1年目と2年目で異なる炭の施用量となる計9試験区で栽培実験をしました。なお、施用したのは**2-2-1**で測定した竹炭を含む亀岡市河原林

図 2-2-2　圃場の様子

（写真は2011年南東角から圃場を撮影したもの
図の中の数字は試験区番号）

地区において野焼き法で作成したモウソウチクの炭です。圃場の概要は**図 2-2-2** に示します。

いずれの年も、コマツナ（笑天、タキイ種苗）20 株、ハクサイ（無双、タキイ種苗）12 株、キャベツ（新藍、サカタのタネ）15 株、ジャガイモ（メークイン）20 株、ネギ（九条細ねぎ、サカタのタネ）20 株をそれぞれ収穫し、地上部や可食部、地下部などの重さや大きさなどを測定しました。まず、1 年目の結果のうち、可食部の重さかあるいは出荷時の重さに相当する調整重について図 3 に示します。グラフ中の表示が異なるものは有意差があると判定されたものです。

2011 年度の結果では、10 アールに 4 t の炭の施用はコマツナやハクサイ、キャベツのような葉野菜では生育が抑制されました。コマツナとキャベツの 4t の試験区は 0 t、2 t いずれの試料とも 5％水準で有意差がある

図 2-2-3　2011 年度栽培作物の調整重あるいは可食部の重さと標準偏差
（棒の模様が異なる場合は 5%の水準で有意差がある）

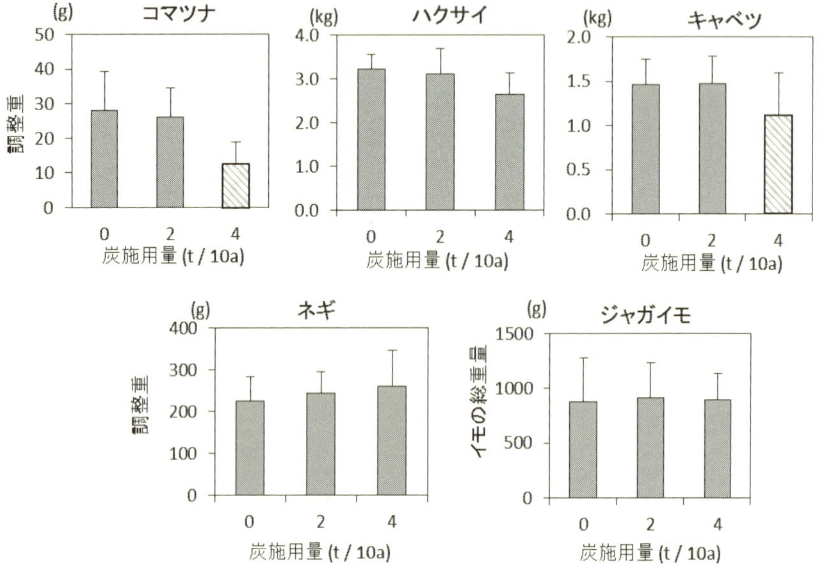

という結果が得られました。一方で、ジャガイモは個体によるばらつきが大きく、炭の施用量の変化による有意な差は見られませんでした。ネギでも炭の施用量とともに調整重が大きくなっているように見えましたが、有意な差はありませんでした。

キャベツについては、2009 年に化学肥料の施肥の有無と炭の施用の関連をしらべた実験を行ったことがあります。圃場は亀岡市の保津地区で炭の施用量は 10 アールあたり 1.5 t と３t で設定しました。このときは化学肥料を施肥すると炭の施用量とは関係なく同様の成長がみられ、化学肥料を施肥しない場合は、化学肥料を施用した場合よりも成長が悪かったのですが、10 アールあたり３t の炭を施用すると、化学肥料施用の試験区と同程度の成長がみられました。しかし、2011 年度の実験では、４t の炭を施用すると可食部の重量が減少しました。３t か４t ということが影響したのか、それとも圃場の影響かわかりませんが、大きく結果が異なりました。

図 2-2-4　2012 年度栽培作物の調整重あるいは可食部の質量と標準偏

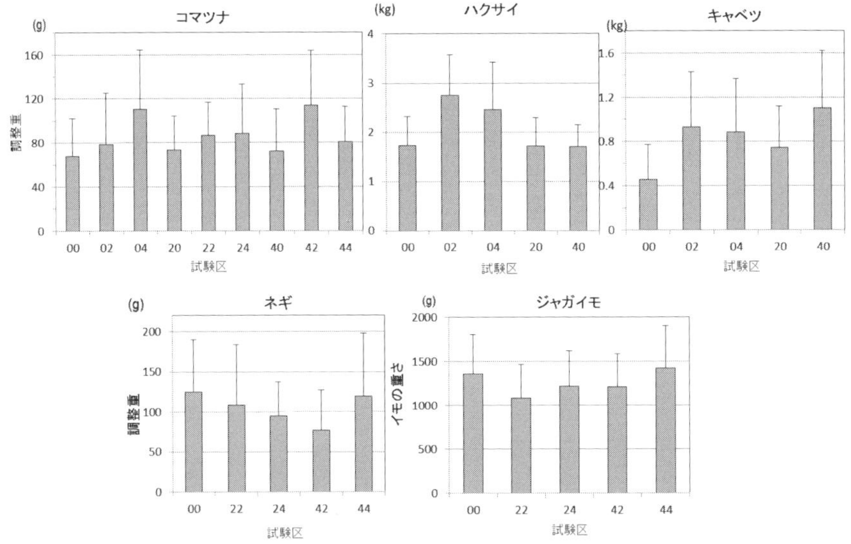

2012 年度は 2011 年度と同じ圃場で栽培を行いました。先に述べたように 2 年連続での炭の施用量を変化させることで影響を調べました。試験区の番号は 2012 年度の炭施用量と 2011 年度の炭作用量を並べて表示しました。つまり、試験区 24 であれば初年度に 10 アールあたり 4 t、二年目に 10 アールあたり 2t の炭を施用したということを意味します。コマツナは全試験区で栽培しましたが、炭の施用が多いと負の影響がありそうなキャベツやハクサイは二年間で最大 10 アールあたり 4 t までの範囲で施用し、炭が入っても影響少なそうであったジャガイモとネギは最大 2 年で 8 t 施用した試験区で栽培を行いました。その結果を**図 2-2-4** に示します。

ジャガイモについては、分散分析において 5%水準で有意な差がみられないという結果になりましたが、それ以外のすべての作物については有意差がみられました。まず、コマツナ、ハクサイ、キャベツについてですが、2011 年度の実験では炭の施用量が多くなると収量が下がるという結果が得られましたが、2012 年度の結果ではそのような結果は得られませんでした。逆に、少なくともキャベツについては炭を施用していない試験区が他の試験区と比べて収量が少なくなっています。また、コマツナやハクサイでも前年度に炭を施用した試験区（00、02、04）で収量の増加がみられることや、前年度の同じような条件になる試験区（00、20、40）でも前年度とは異なる結果が得られるなど明確な傾向を示しませんでした。

次にネギですが、試験区 42 の収量が最も低かったのでもっとも収量が多かった試験区 00 や 44 とは差がみられました。しかし、この結果は炭と収量の明確な関係を示しているものではありません。すべての調査項目の中で、明らかに有意な差が見られたのはネギの地下部の重量です。**図 2-2-5** に示すように試験区 44 の地下部の重量はすべての試験区に

図 2-2-5　2012 年度ネギの地下部

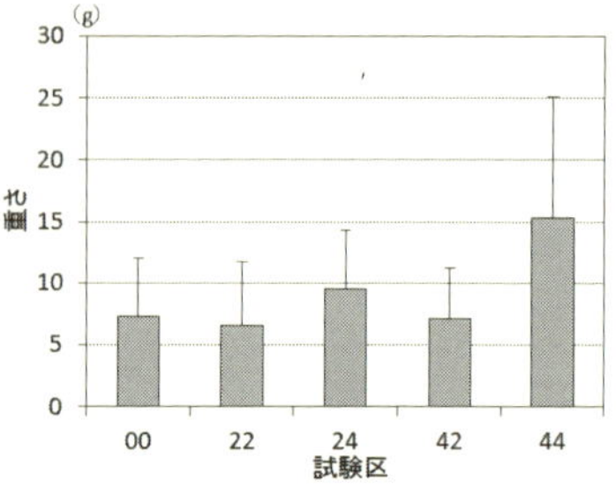

図 2-2-6　ネギの根の様子

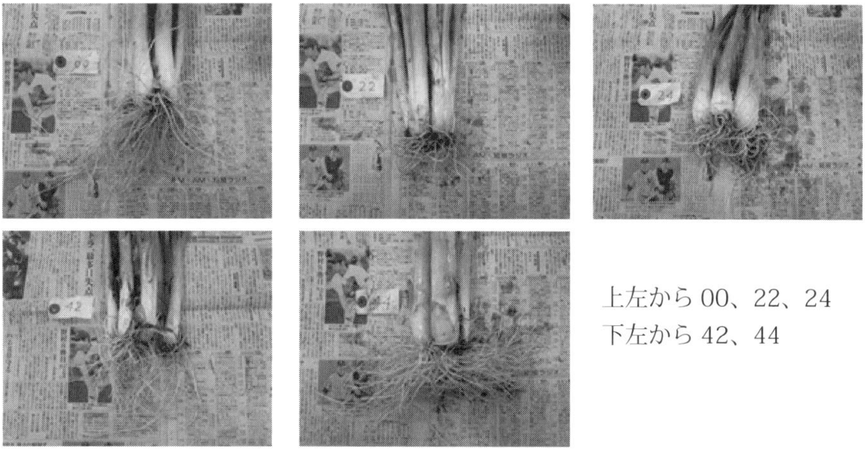

上左から 00、22、24
下左から 42、44

対して５%水準で有意な差があるという結果になりました。その時の根の写真を**図 2-2-6** に示します。写真ではよくわからないかもしれませんが、炭素量が 10 アール当たり４ｔを２年連続施用した試験区のものは他のものと比べて明らかに根張りがよくなりました。炭の土壌改良材としての効果の中には、植物の根張りについても知られているので、その結果ではないかと思います。可食部の重量が大きくなかったので、栽培という観点からは決して「いい栽培条件」ではなかったかもしれません。しかし、植物の根張りは植物の健康を示すバロメーターにもなります。この根張りの結果、地下部の質量が増加したと考えています。この試験区については３年目の影響を見るために 2013 年度も０ｔおよび４ｔの炭を施用して栽培を行いました。理由がわかりませんが両区画とも著しく伸長悪く 2012 年度と同じ時期に収穫したネギの 10 分の１ほどの質量しかありませんでした。それでも有意差は見られなかったものの３年間４ｔの炭を施用した試験区の方の質量が大きいという結果が得られました。

当たり前のことですが、天候は毎年変わります。また、同じ年であっても圃場によって土壌の化学的物理的性質はずいぶん異なります。ここで紹介した結果は、あくまで2011年から2012年にかけて行った亀岡市馬路のある圃場での結果です。炭の施用による影響以上に他の要因が影響しているということは考えられます。そのために、一定の傾向がみられなかった可能性もあります。しかしながら、逆に考えれば炭の影響があったとしても他の要因に隠れてしまう程度であり、10アールあたり4t程度の炭化物を施用しても栽培に対してマイナスの影響はないと考えられます。

2-2-3. まとめ

これまでに行った炭素貯留実験の結果、通常の野焼きの竹炭の炭素率は85%程度ということがわかりました。また作物栽培の結果から、コマツナ、キャベツ、ハクサイ、ジャガイモでは炭の施用による傾向は明らかにはなりませんでした。これは、炭の施用効果がなかったというよりもむしろ他の栽培要因の方が栽培に大きく影響し、炭の効果がみえなくなっていたからではないかと考えています。今回の作物栽培で炭の効果があった可能性があるのはネギだけですが、出荷に際しての有効なものではありませんでした。ただ、炭素貯留のみを考えた場合、炭素貯留場所として畑地は十分に機能すると考えられます。今回の実験で得られた結果から、10アールあたり4tの施用が可能であれば、竹炭の炭素率が80%であったとしても10アールあたり12t近くの二酸化炭素発生を抑制できることになります。二酸化炭素削減効果が高くても、炭にコストがかかると、収量が増加しなければ施用しないということになってしまします。炭の効果が大きく出る収益の高い野菜は何であるのかを調査することはとても重要なことだと思います。また、いかに低コストで炭を入手するか、里山の環境整備と組み合わせて放置竹林伐採とどのように組み込んでいくのか、そのあたりがカーボンマイナスプロジェクト普及には大切なところなのかもしれません。

（藤井　康代）

コラム　炭の炭素隔離による二酸化炭素の削減効果
（地域 LCA 評価の視点）

亀岡カーボンマイナスプロジェクトでは、炭を農地に埋めることで二酸化炭素のもととなる炭素を隔離し、大気中からの二酸化炭素削減をねらっています。しかしながら、これまで紹介したように、炭を農地に埋めるまでに、重機による竹の伐採や、トラックによる炭や炭堆肥の輸送によって、炭素隔離を行うまでに化石燃料を使用し、二酸化炭素を発生させていまいます。

つまり、炭を使った農地炭素貯留による二酸化炭素削減効果は、炭の原料となるバイオマス収集から農地に炭を埋めるまでに発生する二酸化炭素を考慮してはじめてその効果が確認できます。炭の二酸化炭素削減効果について、ライフサイクル・アセスメント評価（以下、LCA 評価）の視点を交えて紹介していきます。

ライフサイクル・アセスメント評価

炭の二酸化炭素削減効果を考えていくにあたり、ライフサイクル・アセスメント評価（以下、LCA 評価）の視点を採用します。ライフサイクル・アセスメントとは、製品供給にあたり形成されるライフサイクル全体を考慮し、資源の消費量や環境排出量を計算し、製品の環境への負荷を評価する手法です。国際標準機構（ISO）は、「サービスを含む製品に付随して生じる影響をよりよく理解し、軽減する為に開発された技法」であると定義し、①目的と実施範囲、②イベントリ分析、③環境影響評価、④結果の解釈を明確にして LCA 評価を実施するとしている。この順に沿って、炭の二酸化炭素削減効果を検討する亀岡 LCA 評価モデルを検討していきます。

①目的と範囲

CA 評価モデルでは、何を目的にするかでモデルの性質が大きく異なってきます。ここで検討するモデルでは、これまで紹介してきた炭づくりから農地での利用までに発生する二酸化炭素発生源を特定し、比較可能な簡易なシュミレーションモデルを構築することを目的とし、放置竹林の伐採によるバイオマス収集、炭づくり、炭堆肥の製造、農地への炭素隔離までを LCA 評価モデルの範囲（バウンダリー）とします。

②イベントリ分析

①で設定した範囲の中で発生する手順を示し、資源の投入や排出などの環境負荷となる項目を明確にしてきます。バイオマス集積、炭づくり、炭堆肥の利用などのプロセスと、その間で発生する輸送を加味した分析モデルが下

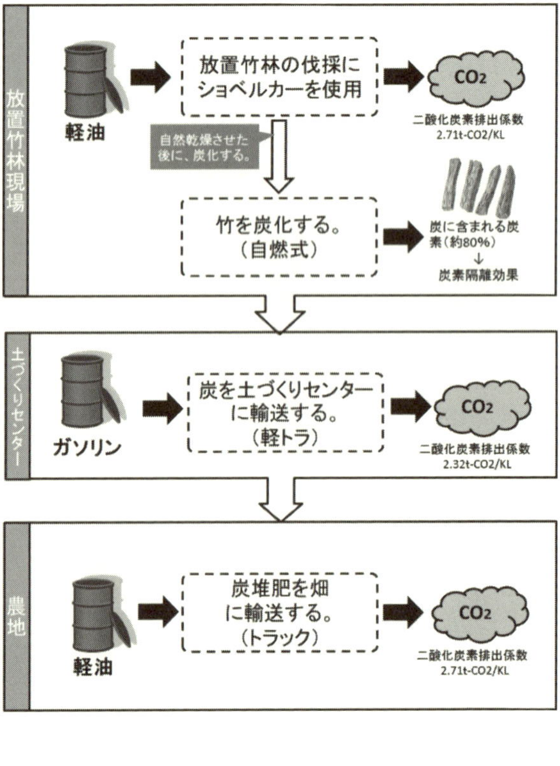

図：LCA モデル

図のようになります。図にあるインプットとは、それぞれのプロセスを実施する中で使用される資源や物資になり、このモデルでは、ガソリンや軽油などの化石燃料を想定しています。アウトプットとは、プロセスを実施した結果生じる環境への影響を検討します。ここでは、炭による炭素隔離効果やインプットの結果発生する二酸化炭素や粒子状物質などを想定していきます。

③環境影響では、イベントリ分析で明らかとなった得られた環境負荷物資がどの環境域に影響結果を与えるかを検討していきます。環境影響領域とは、地球温暖化、オゾン層破壊、土壌汚染、騒音など様々な分野にまたがります。このモデルでは、二酸化炭素削減効果を簡易に示したいので、この分野に絞って結果を示します。ただし、細かなモデルを検証することで、生態系への影響も分析結果に加える事ができます。

④解釈では、インベントリ分析や影響評価から得られた結果をもとに、環境に与える影響や、考えられる改善点をまとめる段階です。このコラムでも、分析結果をどう考えるかをまとめてみたいと思います。

イベントリ分析のロジック

それでは、亀岡での活動に即して、各プロセスのイベントリ分析内容を解説していきます。バイオマスの収集となる放置竹林の伐採では、重機を使っています。主にショベルカーを使用しており軽油が消費され、二酸化炭素を発生させます。

輸送１（バイオマス）は、自動車を使います。使用する車種により、軽油かガソリンか燃料の種類が異なります。ただ、実測が難しい短距離の場合もあるため、国土交通省の走行試験モードである 10・15 モード燃費、又は JC08 モード燃費の公表値を使用します[1]。

亀岡での取り組みの場合、放置竹林を伐採した現場に無煙炭化器を持ち込

1　10・15 モードは、市街地を想定した 10 項目の走行パターンと、郊外を想定した 15 項目の走行パターンで試験される国土交通省の燃費測定方法である。2011 年 4 月 1 日からより実際の走行状況に近い JC08 モードの燃費測定方法に変わった。いずれの燃費測定の結果も、国土交通省ホームページ（http://www.mlit.go.jp/jidosha/nenpi/nenpilist/nenpilist.html）より確認できる。

んで炭化を行うため、輸送は発生しません。放置竹林の伐採場所と、炭化を行う場所が異なる場合は輸送１を考慮する必要があります。

炭化では、炭をつくる時に使用する燃料と、できた炭の性質を分析し炭素含有量を角印し炭素をどのくらい固定化させているかを確認します。炭の製造には、自燃式の無煙炭化器を使っているため燃料は消費されません。

輸送２（炭）では、炭をつくった現場から炭堆肥を作る亀岡土づくりセンターまでの代輸送を考慮する。輸送３（炭堆肥）では、亀岡土づくりセンターから農地までの輸送を考慮します。インプットとアウトプットの関係と計算方法は、輸送１と同じ考え方で計算します。

シミュレーションの実施

それでは、上記のイベント分析のロジックに沿って、バイオマス集積から炭堆肥を畑にまくまでに発生する二酸化炭素の発生と炭による炭素隔離を相殺した二酸化炭素削減効果についてシミュレーションを行います。シミュレーションの比較対象ですが、亀岡の食育環境教育を実践した、保津小学校、吉川小学校、東別院中学校の三つの学校農園に同じ炭堆肥を導入したと仮定し、比較してみます。また、炭堆肥の原料となる炭ですが、2010 年 11 月 27 日に亀岡市河原林町で実験にて、竹 568kg（絶乾状態）を無煙炭化器にて炭化して得られた 408.5kg（含水率含む）の炭を使用すると仮定します。

バイオマスの伐採

バイオマスの伐採は、ブッシュチョッパーを使用し 10351 、126.5t の放置竹林を伐採した。伐採にショベルカーで消費された軽油は、457 リットルであった。この結果を、1kg の放置竹林を伐採する為に、何リットルの軽油が消費されるかを計算すると、0.0036 リットル /kg となる。上記の炭化実験には 568kg（絶乾状態）を使用しているので、実験に使用した竹を伐採するのに使用した軽油量は、2.04 リットルとなります。

従って、軽油 2.04 リットルの使用から発生する二酸化炭素は、5.26kg-CO_2 となります。

炭化

（3-1 で紹介したとおり）亀岡で使っている無煙炭化器は自燃式のため、化石燃料由来の二酸化炭素は発生しません。

輸送（炭）

炭化を行った河原林町から、炭堆肥を製造する亀岡土づくりセンターまでの輸送経路は下図のようになり、片道 1.2 キロになります。当日は、4 台の軽トラ 1 往復で炭が運ばれた。使用した車種（スズキ･キャリー）の 10･15 モードの公表値は、平均燃費は、15.8 km/L です。平均距離と燃費の関係から輸送で発生した二酸化炭素を求めると、以下の計算式になります。

（1.2（km）× 2）÷ 15.8（km/ ）×発熱量 0.0346（GJ/ ）×炭素排出係数 18.3(kg-C/GJ) × 44/12 × 4 台数× 1 （往復数）=1.41kg-CO_2

炭による炭素隔離量（CCS）

実験で製造された炭 408.5kg の成分を分析すると、含水率 50.8 %、炭素含有率 61.1 % でした。従って、炭に含まれる炭素量は、122.8kg であり、これを二酸化炭素量に換算すると、450.27kg-CO_2 となります。つまり、122.8kg の炭素を含む炭を堆肥として土中に埋めると、約 450kg の二酸化炭素を隔離している効果が得られます。

輸送３（炭堆肥）

平成 20 年度から平成 23 年度までに亀岡で使われた炭堆肥のデータをみると、平均して 1 の炭堆肥に 125kg（絶乾状態）の炭が含まれています。実験では、乾燥状態にして 201kg の炭が作られているので、炭堆肥にすると約 1.6 となる。1.6 の炭堆肥を運ぶのに、亀岡農業公社では普通、写真のトラック 1 台にて運送されています。このトラックの平均燃費値は、10・15 モードで 8.40km/L となります。

次に、土づくりセンターから各小学校までの経路を計測すると、下図のような距離になります。それぞれの学校農園に、亀岡土づくりセンターから炭堆肥を運ぶとどのくらい二酸化炭素が排出されるのでしょうか？

{(片道距離× 2)÷燃費（10・15 モード値)} ×発熱量×炭素排出係数（軽油）× 44/12 ×台数×往復数

で計算すると、それぞれの学校に炭対比

保津　6.73km ⇒ 3.07(kg-CO_2)
別院中　20.37km ⇒ 9.29(kg-CO_2)
吉川　7.56km ⇒ 3.45(kg-CO_2)
本梅　12.40km ⇒ 5.66(kg-CO_2)

それでは、バイオマスの集積から農地に炭堆肥を埋めるまでのイベントリ分析結果をみていきましょう。表はそれぞれのプロセスで発生した温室効果ガスを二酸化炭素排出量に換算しています。CCS では、炭に含まれる炭素量から炭素隔離量を二酸化炭素に換算しています。炭素隔離量から各プロセスで発生した二酸化炭素量を差し引いた数値が、最後の二酸化炭素削減量となります。

	バイオマス集積	輸送１	炭化	輸送２	輸送３	CCS	二酸化炭素削減効果
保津	-5.26	0	0	-1.41	-3.07	450	440.26
別院中	-5.26	0	0	-1.41	-9.29	450	434.04
吉川	-5.26	0	0	-1.41	-3.45	450	439.88
本梅	-5.26	0	0	-1.41	-5.66	450	437.67

このようにみると各農地でも十分な二酸化炭素削減効果を得られていることがわかります。亀岡市内でも山間部にある別院中学校の農地でも、輸送によって二酸化炭素削減効果が相殺されることはありませんでした。

もちろん、簡易なモデルでの分析なので、厳密な二酸化炭素削減効果をはかるためには、詳細な LCA 評価モデルを用いる必要があります。ただし、主な二酸化炭素発生源を抽出した簡易なモデルでの結果をみても、地域のバイオマスを地域で炭にして、地域の農地で使っていくことで、高い二酸化炭素隔離効果が得られます。逆に、外国産のバイオマスや炭を使ってしまうと、輸送で発生する二酸化炭素が、炭による炭素隔離モデルはえがけません。地域レベルでの、農業、林業、流通をうまく作り上げることがカーボン・マイナスの重要なポイントになるでしょう。

第３章　クルベジの流通と地域ブランディング

3-1　クルベジの流通とクルベジシールのしくみ

3-2　クルベジ育成会の発足とその経過

コラム：クルベジ®の販売店舗に参加する想い

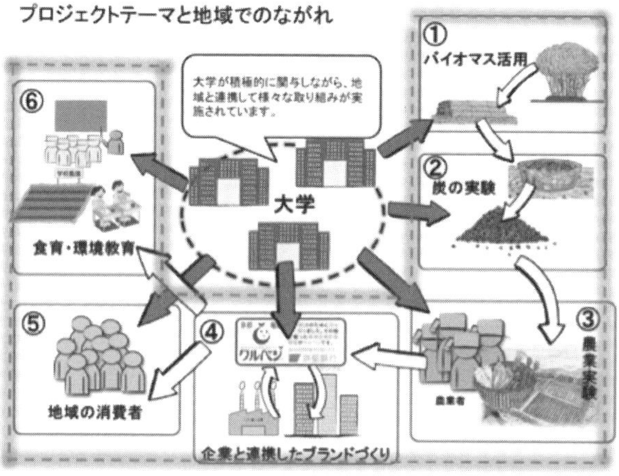

①農業者の組織化（クルベジ育成会）
②クルベジシールの仕組み
③クルベジのブランド化を軸に紹介していきます。

この章で解説していくポイント！

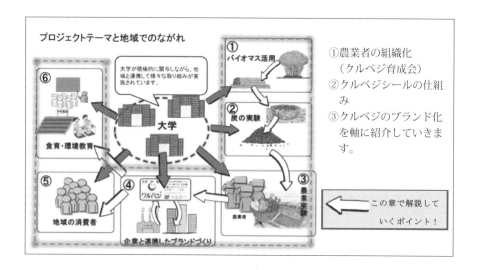

3-1　クルベジの流通とクルベジシールのしくみ

亀岡カーボンマイナス・プロジェクトでは、炭を埋めた畑で育てられた野菜に“クルベジ”という愛称・商標を付けてブランド化し、地域のスーパーなどで売り出しています。クルベジとは、クール・ベジタブル（cool vegetable）の略称です。炭を畑に埋めることで二酸化炭素の新たな発生を抑え、地球を「冷やす」野菜という意味が込められています。

クルベジは、**図 3-1-1** のようなデザインのシールを付けて販売されています。シールには、クルベジのロゴマークと、「食卓から地球を冷そう！」というキャッチコピー、クルベジのコンセプトの簡単な説明がレイアウトされています。また「京都・亀岡」と示すことによって、地産地消の地域ブランドであることが強調されています。

このシールの最も重要なポイントは、企業のロゴマークと協賛メッセージが付けられているというところです。クルベジは、いくつかの企業から協賛をいただいています。協賛金のうち半分はクルベジの運営資金として使われますが、もう半分は、配当金として生産農家に配分されます。現在

図 3-1-1　クルベジシールの例

このしくみによって農家は、クルベジのシールが付いた野菜をひとつ売るたびに 10 円の配当金を得ることができます。これは農家にとって、クルベジの生産に参画する強いインセンティブになっています。また協賛する企業側からすれば、環境問題に積極的に取り組んでいることを消費者に直接 PR するための格好の媒体になっています。

図 3-1-2 は、クルベジの生産と流通のしくみを簡単にまとめたものです。クルベジの生産農家は、「亀岡クルベジ育成会」という組合を組織しています。まず生産農家は、炭を埋めた畑で作られた野菜に、育成会から発行されるクルベジシールを付け、地元のスーパーにそれぞれ納品します。スーパーには、クルベジを販売する常設スペースが年間を通して用意されており、クルベジはそこに陳列されます。売れ残ったクルベジの回収も、定期的に各農家が行います。次にスーパーは、場所代として定率を差し引いたのち、クルベジの売上金を育成会に一括振込します。それを受けて育成会は、レジの売り上げデータに基づいて、各農家に対して売上金を分配します。このとき、各農家が売り上げた個数に応じて、企業協賛の配当金も分配されます。

図 3-1-2　クルベジの生産と流通のしくみ

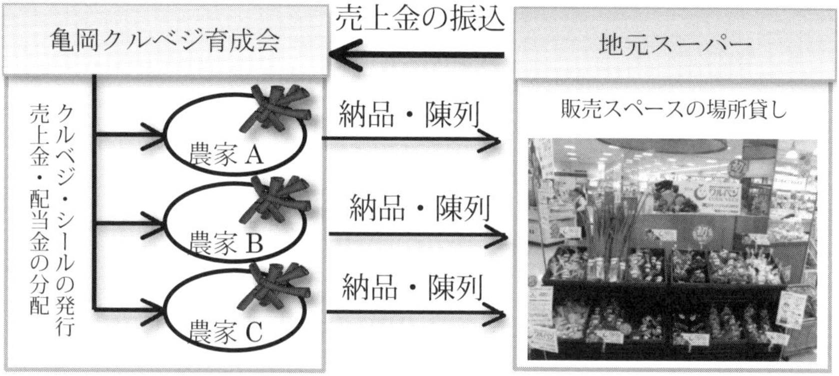

（出所）筆者作成

図 3-1-2 から分かるように、このしくみにおいて育成会は重要な役割を担っています。育成会は、クルベジシールの管理や売上金・配当金の分配の他にも、各農家の生産計画の調整と年間を通した取りまとめ、クルベジの品質管理基準の策定、展示会や朝市などといったイベントでの PR 活動の展開などさまざまなことを行っています。

図 3-1-3　クルベジの売り上げの推移

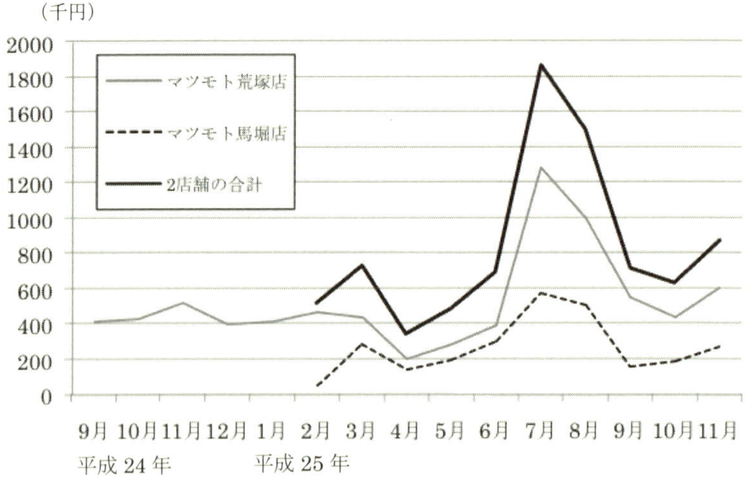

（出所）筆者作成

図 3-1-3 のグラフは、本格的な販売が開始されてから現在までの、クルベジの売り上げの推移を表しています。販売開始当初は、1 店舗のみでの取り扱いで、月に 40 万円程度の売り上げでした。平成 25 年 2 月には、2 店舗に売り場が拡大し、それ以降売り上げも大きく増加しました。その年の 9 月には、水害等の影響により売り上げが激減しましたが、また持ち直しています。このように、長期的に見れば売り上げは増加傾向にあり、参画する農家の大きな励みとなっています。

それでは、クルベジに対する消費者の反応はどのようなものなのでしょうか。私たちは平成 25 年 11 月に、スーパー店頭でクルベジを手に取った消費者を対象とした簡単なアンケート調査を行いました。その結果の一部をご紹介しましょう。

図 3-1-4 は、月ごとに何回くらいクルベジを購入しているのかを尋ねたものです。初めて購入した人は 7% 程度であり、90% 以上がリピーターであることがわかります。月に 10 回以上購入する人も、35% 程度います。このように、クルベジには固定客層がついており、この層が**図 3-1-3** で示したような安定した売り上げを支えていることがわかります。しかし一方で、新規の客層をつかまなければ、これ以上の売り上げの増加が望めないことも課題として浮き彫りになりました。

図 3-1-4　月ごとのクルベジの購入回数（N=103）

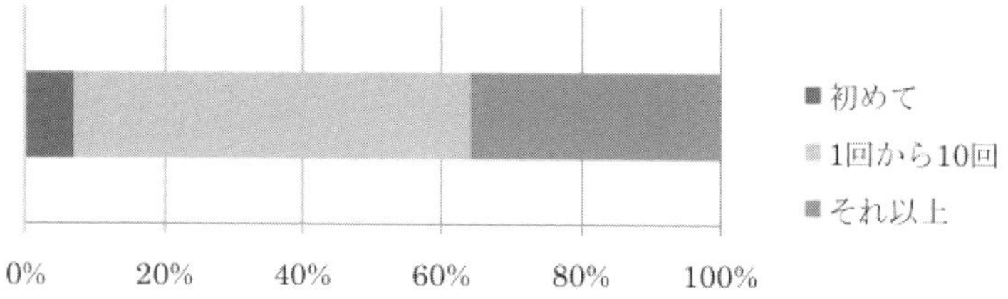

次に**図 3-1-5** は、「畑に炭を埋めることによって、新たな二酸化炭素の発生を抑える野菜」というコンセプトを知っているかどうか尋ねたものです。知っているという消費者は約 45% であり、売り場のポップやポスターによるアピールや、クルベジシールによる訴求の効果が一定程度あらわれていることがわかります。その一方で、半数以上の消費者がコンセプトを知らないまま購入しています。この層がどのような理由でクルベジを購入しているのか、またコンセプトを伝えるためにはどのような方法が考えられるのかといった課題が見えてきました。

図 3-1-5　クルベジのコンセプトの認知（N=103）

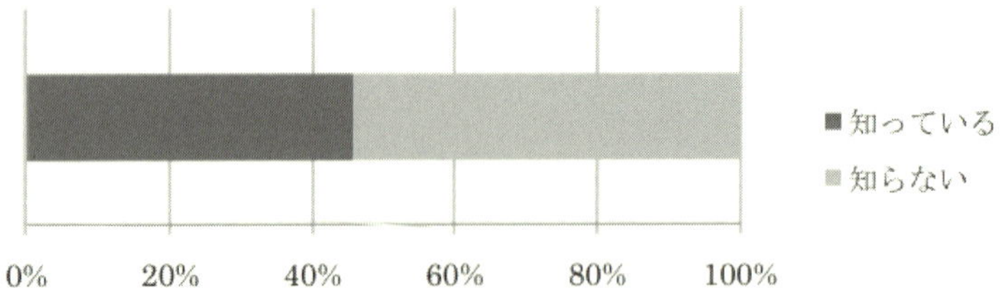

購入理由については、**図 3-1-6** にそのヒントがあらわれています。クルベジを購入する際に、どのようなことが重要だと考えているかを尋ねたところ、「亀岡産であること」や「生産者の顔がわかること」を重視している消費者が過半数を大きく超えており、クルベジ本来のコンセプトの他にも、地産地消や安心安全といった考え方が購入理由になっている実態がわかりました。

図 3-1-6　クルベジを購入する際に重要だと考えること（N=103）

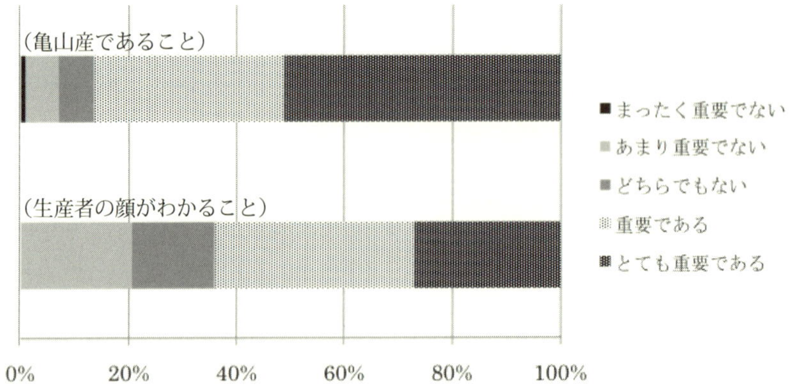

クルベジは、これまでにないコンセプトに基づいた、環境保全型の地域ブランド野菜です。クルベジは自然環境を守るだけではなく、消費者や協

賛企業が地域の農家を支える手段でもあります。今後クルベジを広く展開していくためには、２つの大きな課題があります。ひとつは、効率的で安定した生産・流通のしくみ作りです。クルベジでは、生産農家の組合である育成会が主体となって、喧々諤々の議論をしながら、日々改善の努力を重ねています。もうひとつは、消費者の共感を得るための方法を確立させることです。どのような消費者層がクルベジを選んでくれるのか、どのような理由でクルベジは選ばれるのか、などといったマーケティング調査を続けていく必要があります。

（田靡　裕祐）

3-2　クルベジ育成会の発足とその経過

はじめに

京都府下の市町村別の農耕面積の規模は、京丹後市・福知山市・亀岡市と続くが、亀岡市は、平成の市町村合併以前は府下で最大規模の農耕面積を有する穀倉地帯でした。

兼ねてから水稲を主力作物としてきましたが、千枚漬けに使う蕪の産地でもあります。また、近年九条ネギや、壬生菜など京野菜の産地としても知られています。

しかしながら、産業別就業者構成比率の推移をみても第1次産業の衰退は顕著であり、農業就業者人口においても基幹的農業従事者の割合は、男女とも65歳以上の高齢者が農業を支えているのが現状です。農業のみで生活が成り立たないことも現実的な問題でもありますが、約2,000haの農地の利活用は、新産業創出を含め大きな地域資源であることも確かです。

農村は、これまでの日本の文化や歴史を築き、更には現代社会で課題となっている地域の絆を築いてきました。戦後世界の経済大国としての日本の発展を支えてきたのも、農村から都市に出て汗を流してきた人たちではないでしょうか。また農地は、防災機能を果たしてきたのではないでしょうか。便利さ重視の現代社会において、今こそ農村の在り方を考え直す必要があると思います。

3-2-1　カーボンマイナスプロジェクトで地域を変える

2008年にスタートした亀岡カーボンマイナスプロジェクトは、担い手・後継者不足で疲弊しつつある日本の農山村の再生をターゲットとした、新たな社会システムの構築にあります。簡単に言えば、都市部から農山村部への資金の還流を、現実的なものとするために、一つは、地域における放置竹林等の未利用バイオマスを炭素固定し、農地に土壌改良剤として土中隔離し、結果的に温室効果ガスの削減効果を生み出します。そうしてできた削減分を国内排出権取引制度や企業協賛を得ることと、もう一つは、炭素埋設農地で栽培された作物を、環境貢献作物としてブランド化することで、一般作物に比べ、高値での価格安定化によっての二つの資金還流によって、安定的な農業経営による、農山村活性化を目指しているものです。

同プロジェクトは、農業・環境・教育を核として、行政・大学・農業者・企業等のマルチパートナーシップで取り組むことで、初めてシステムが動きます。2008年来それぞれが、分担を担い、未利用バイオマスからの安価で安定的な炭の生産技術の開発、炭素埋設農地での土壌サンプリングと作付けによる影響調査、排出権取引制度設計、食育環境教育教材の開発と農地への炭素貯留を認証する、京都炭素貯留運営委員会を設置し、2012年当初に、システム設計を整備するまでに至りました。

残る課題は、炭素貯留農地で栽培された作物「クルベジ®」の年間を通じた安定的な市場流通と、安価で安定的な炭の生産システムの構築が必要です。

3-2-2　クルベジ育成会の発足のねらい

「亀岡クルベジ育成会」は、現在、先の京都炭素貯留運営委員会の示す、作付けルールに基づく約20人契約農家で構成されています。

炭素貯留を行った農地で作付けされた、環境貢献作物であっても、多くの化学肥料や巨大な農機具を使って、化石燃料を消費しては、消費者の理解が得られません。そこで一定の減農薬による作付けを促すため、京都府の認定する「エコファーマー」に準ずる減農薬農法による作付けと、1年間に10 a当たり、100キロカーボンを土壌改良剤として炭素隔離することを定義しており、この農地で育てられた作物にのみ、「クルベジ®」として、ブランドシールを貼って出荷できる仕組みとなっています。

亀岡市の農業をみると、市街地に比べ農村地域の少子高齢化は著しくなってきており、就業人口・基幹的農業従事者は、65歳以上の高齢者であり､その中でも75歳以上の後期高齢者の割合が最も多く､水稲が中心で、若干の自家用野菜を作付けし、農地を維持しているのが現状です。米価も低迷し、とても農業のみでの生活も多難であり、後継者の継承も危ぶまれています。

一方で、都市部から農業経営を目指して、市内で農地を借りて、有機農法や無農薬農法によるこだわり作物を作って生活を営む若手専業農家も増加傾向にあり、彼らも数少ない専業農家後継者とともに、今後の亀岡市の農業の担い手であり、プロジェクトの目指す新たな社会システム構築に欠かせない人材です。

また、放置農地の解消や担い手不足の解消のため、機械化・大規模経営による安定化を目指し、農事組合法人の設立も進みつつあります。当初プロジェクトの実証実験に協力を頂いている「農事組合法人ほづ」もその一つです。

「クルベジ®」の安定作付けのため、広大な農地とスタッフを擁する同法人での一括生産も検討したところですが、個人経営でないゆえ、スタッフの人件費を換算すると、採算が合わないことと、冷害等の気象条件に伴う被害を考えれば、安定供給にも不安があることから、今後の全市的な展開と多種作物を安定的に市場流通するためには、個人経営農家のネットワーク化が必要であることに気付きました。

3-2-3　クルベジを地域にとどける！

「亀岡クルベジ育成会」の発足に向け、まず最初に市内で精力的に野菜出荷を行っている農家と、若手専業農家に直接電話にて、炭素埋設農法による亀岡カーボンマイナスプロジェクトの紹介と、参画意思を確認し、約30名の興味を示す農業者を対象に公開説明会を開催し、農業経営に関する悩みや将来の希望等について、ワークショップ形式で議論することから始めました。

参加農業者の反応は、NHK でのテレビ放送や、新聞紙上でのプロジェクト紹介が頻繁に行われたことから、理解度と参画意識も高いことに驚きました。農業者は個人個人で生産から出荷までを担っているケースがほとんどであり、農業者間のネットワークによる、情報交換や世代間交流があまり無いことにも気づき、これを機に新たなネットワークの形成も必要であることから、18 名の農家で「クルベジ®」生産と市場流通を目指して「亀岡クルベジ育成会」が発足したところです。

育成会では、それぞれの農家の作付け内容と、月ごとの出荷可能数量をまとめることから始め、秋から冬と春から夏の端境期をどう埋めるか等、より安定的な市場流通が実現できるよう生産調整を行いました。

育成会の発足と同時に、次は市場の確保が喫緊の課題として、2012 年６月に亀岡市内の（株）マツモトへ、出向きました。（株）マツモトは、亀岡の老舗スーパーであり、昭和 26 年に株式会社とされて以来、現在では亀岡市はもとより京都市内を含め 19 店舗を展開される大企業です。創設者の「誠心誠意正直な商い」企業理念を基に、食文化を通じた地域社会の発展に尽力され、地球環境保護のために、ゴミの削減とリサイクルに取り組まれていることからも、同プロジェクトへの協力依頼に伺いました。常務が熱心に話を聞いてくださり、プロジェクトへの理解と、快く「荒塚店に特設販売コーナーを設けましょう」と言っていただき、市場流通の第一歩が叶い、2012 年９月からの販売開始が約束されました。

3-2-4　農業者が議論してルールを決める

早速、「亀岡クルベジ育成会」を開催し、独自の販売ルールが定められ、「①低価格競争は絶対にしない。１品 100 円以下の価格は設定しない。」「②商品の搬入については、搬入時間も回数も各個人の意思に任せ、責任をもって対応する。」「③不良とみられる商品（作物）については、会員同士の中で、撤収する。」等といった具合のローカルルールです。9月販売当初は、ちょうど、秋から冬への端境期でしたが、それぞれの農家が協力しあって乗り切り、11月を過ぎたころ、店頭には多種の新鮮な作物がそろいだしたと同時に、徐々に販売額も向上してきました。

毎月の定例会議では、若い農業者が高齢農業者に、作付けに関する相談やノウハウを伺うなど、いい意味での交流ネットワークが形成されたのもこの頃です。

2012年末、（株）マツモトの担当者から私に電話が入りました。もう一店舗「クルベジ特設販売コーナー」を設けたいとのことでした。冬野菜も最終段階に入り、1月から3月の間も中々商品が揃いにくい時期であることを納得いただき、2月中旬から新たな店舗展開をすることで合意しました。

もうすぐ販売開始から1年を迎えようとしています。販売額も順調な伸びを示しています。また、市内の飲食店や、亀岡市にある京都学園大学の学生食堂でのクルベジ®のオーダーも出てきています。更には他府県からの行政視察や問い合わせが頻繁に入るようになってきており、我々の総合的な社会システムが注目されつつあるように思っています。

育成会発足当初の農業者の悩みは、「農業のプロとして作物づくりには自信があるが、その販売先（出口）の開拓に苦労している。」といったネガティブな意見が多くみられましたが、「市内中心部に2箇所の販売先が確保されたことは、非常にありがたく思っている。」「やり甲斐を感じる。」等農業者もポジティブになってこられているような気がします。これは、農作物を販売して収入を得ることのみにとらわれず、社会の一員としてのプロフェッショナル意識の高揚ではなかろうか。

育成会メンバーの丹精込めて作られた作物が、地廃地活・地産地消による低炭素社会形成にも貢献することとなります。

亀岡市は、冒頭に述べたように京阪神に隣接し、都市部への流通においても多大な可能性を占めています。今後においては、需要が高まるにつれ、より多くの農業者の参画と、安価で安定的な炭の確保等まだまだ課題は山積していますが、プロジェクトに参画する多くのスティクフォルダーがそれぞれの役割と目標を共通理解しながら、持続可能な地域社会の形成に向けて力を注いでいきたいと思います。

（亀岡市政策推進室安全安心まちづくり課長・田中秀門）

コラム　クルベジ®の販売店舗に参加する想い

株式会社マツモト専務取締役　**松本　健司**

我社は、亀岡市に本社を置き、京都市とその周辺に19店舗を展開するスーパーマーケットチェーンです。

1951年（昭和26年）に株式会社化し、創設者（現会長）の「商道一筋正直一途」を企業理念とし、地域社会を担う一企業として、食文化を通して、地域社会を豊かにする会社を目指しているところです。

同じく亀岡市に生誕し、石門心学の開祖石田梅岩翁は、250余年前の『都鄙問答（とひもんどう）』」の中で、「われ（当方）が儲かり、さき（相手）が損をするというのは本当の商いではない」と言っています。お客様に喜んで納得して買ってもらおうとする心を持って、品物（商品）には常に心を込めて気を配り、売り買いすることで経済原則にふさわしい適正利潤を得るようにすれば、「福を得て、万人の心を案ずることができる」と石田梅岩は断言されています。

「頑張って仕事に励んでこそ、その結果として利益が生み出されるのであって、成果を求めて仕事をするのではない…。」と説き、商人の基本的な心の在り方を示されています。顧客視点での商売の大切さ・鼎立する三者の喜びが、繁盛するための基本的な考え方と言えるのではないでしょうか。

現在、亀岡市と立命館大学、龍谷大学、京都学園大学が連携し、農山村の活性化を目指す「亀岡カーボンマイナスプロジェクト」の理念に賛同しました。このプロジェクトでは、地域の環境保全から農業の活性化につながる取り組みを行っており、プロジェクトが地域で広がることで、生産者と消費者を繫げるだけでなく、地域に住む人々の幸福につながると感じました。当社もプロジェクトから生まれた野菜「クルベジ®」販売店舗として微力ながら協力させていただいています。

2012年の9月から亀岡市内にある弊社の荒塚店でクルベジ®の販売がスタートしました。おかげ様でクルベジ®の販売は、お客様から好評を得て、2013年2月から同じく亀岡市内にある弊社の馬路店にて、二つ目のクルベジ®の販売コーナーを設置させて頂きました。地元でとれた新鮮な野菜を消費者に届けるとともに、環境保全にもつながるクルベジ®のしくみが、少しでも大きくなるために、亀岡発の新たな取り組みに参画し、地域の発展のために協力するのも我々企業の役目ではないでしょうか。

これからの亀岡カーボンマイナスプロジェクトの発展に期待しております。

第４章　地域との連携で広がる
大学発！プロジェクト

4-1　クルベジを使った食育・環境教育の地域でのひろがり

4-2　地域円卓会議型「クルベジ寄り合い」による
地域社会との対話

コラム：クールベジタブルを取材して

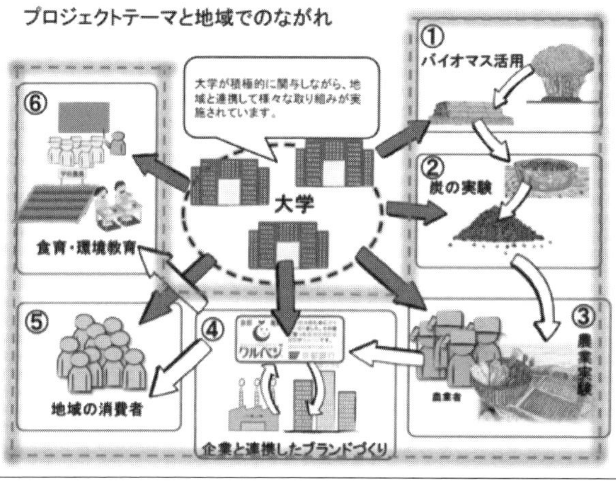

①食育環境教育の実践
②地域連携
③地域円卓会議
を軸に紹介していきます。

この章で解説していくポイント！

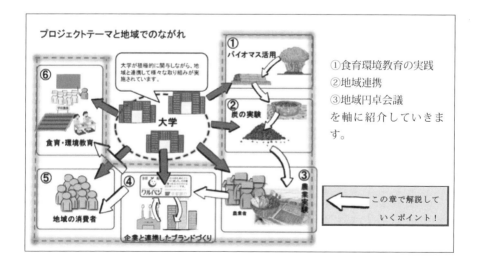

4-1　クルベジを使った食育・環境教育の地域でのひろがり

4-1-1　LORC と食育環境教育の実践

亀岡での研究開発プロジェクトのスタートにあわせて、LORC は、マルチパートナーシップの社会的実践活動として、クルベジを活用した地域での食育・環境教育の実践に取り組んできました。

食育・環境教育の企画をしたねらいとして、プロジェクトの内容をより身近に知ってもらうために、教育を通じて地域社会を巻き込んだプロジェクトとして育てられないかという目的を持っていました。まず、プロジェクトを素材とした教材開発をし、教育プログラムを検討し、そして、教育現場で試行することで、学校から家庭へと広げ、クルベジを市民に身近な地域ブランドとしていく社会的実践活動です。

教材の開発は、京都府内にて食育活動の実践ノウハウがある（特活）地域予防医学推進協会と協力して進めました。（特活）地域予防医学推進協会は、京都府内で幼児から低学年向けの食育活動の実践活動を行いながら、食育用の紙芝居の制作にも取り組んでいる団体です。プロジェクトの趣旨や目的を共有し、バイオ炭を使った二酸化炭素削減という環境教育内容を共同で検証しました。そして、プロジェクトで取り組む地域課題をおりまぜた紙芝居の開発をしました。そして、教育現場として、はじめにプロジェクトが始まった保津町にある、保津保育所に実践現場を提供してもらい、教育プログラムの検証を行いました。保津保育所では、学習農園に炭堆肥を入れた農業体験と、6 回の食育・環境教室を開催した。その中では保護者が参加する教室も開催し、教育を通じて地域と繋がる効果を検証しました[2]。

4-1-2　小中学校でのクルベジの広がり

次に、保津保育所での実施内容をもとに、亀岡市の協力とコーディネートを得て小・中学校への取り組みへと発展しました。その内容は、①モデル校でのクルベジの農業体験、②クルベジを使った給食の導入、③環境学習への応用という三つの展開を、教育現場と関係団体の協力のもとに生み出していきました。クルベジの農業体験では、4校の小・中学校の協力をえて、学校農園で通年的にクルベジ®の栽培体験が行われました。

学校給食では、もともと地元産野菜を提供したいという想いから、1997年に亀岡市旭町の農家が集まって組織された旭学校給食部会がありました。亀岡市役所の仲介のもと、旭学校給食部会のプロジェクトへの理解と協力を得て、旭学校給食部会の農地に炭堆肥を導入し、亀岡全校の学校給食でクルベジ給食の提供する体制を整えました。こうし日常的な学校活動にクルベジを組み入れながら、プロジェクトの取り組みを環境教育として授業に取り込み、大学から講師を派遣して、カーボンマイナスの仕組みや地域の環境保全、地球温暖化について学ぶなどの環境学習を開催しました。クルベジを食育として食べながら、地球温暖化や植物の光合成の仕組みについて学んでいく、食育・環境教育のパッケージができあがりました[3]。

4-1-3　教材開発と人材育成による持続性

一連の試行から、食育活動は、旭学校給食部会を通じたクルベジを使った学校給食の提供や、学校農園でのクルベジの生産など広がりを見せ、地

2　保育所での食育環境教育の内容や効果については、井上芳恵『炭を使った農業と地域社会の再生』、公人の友社、2011年、68～73ページにまとめられている。

3　環境教育の効果については保育所と同様に、家庭向けのアンケート調査を行い、こうした食育・環境教育が家庭での取り組みに繋がる事が明らかとなった。アンケート分析の結果については、井上芳恵『炭を使った農業と地域社会の再生』、公人の友社、2011年に掲載されている。

域に定着しています。一方で、環境学習として更に広げていくためには、大学から講師を派遣するスタイルには限界がありました。また、限られた時間の中で、プロジェクトをより児童に理解して貰うためには、カーボンマイナスの仕組みをわかりやすく解説する環境学習用のテキストが必要ではという反省もありました。そこで、カーボンマイナスプロジェクトの仕組みを紹介する教科書と紙芝居のDVD化を行うことで、環境学習の条件整備を整えることにしました。教科書の開発に先立ち、これまでの食育・環境教育内容の反省を行うために食育・農業懇談会を2011年度に開催しました。この懇談会では教育に関係する、教育分野、学校給食センター、農業者、NPOなどと、それに関連する市役所内の行政部局の21団体の参加を得て進められました。懇談会では、学校給食でのクルベジ使用の状況、これまでの学校教育現場での食育・環境教育の実践内容、カーボンマイナスプロジェクトの取り組み内容などの情報共有と、教育現場で活用できる教材づくりをテーマに、ざっくばらんな意見交換がなされました。そうした幅広い議論をふまえ、亀岡市内の学校で使う教科書「カーボンマイナス

図4-1-1　LORCが開発した教科書とDVD教材

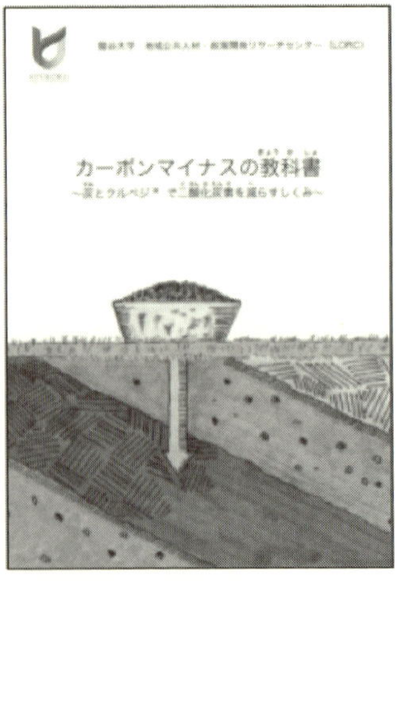
カーボンマイナスの教科書《きょうかしょ》

クルベジ博士の大発明
地球にやさしい野菜を食べよう

の教科書」と DVD「クルベジ博士の大発明～地球にやさしい野菜を食べよう～」の開発が進められました。（**図 4-1-1** 参照）。

更に懇談会の議論から、教職員向けの人材育成研究ができないかとの依頼が亀岡教育研究所から LORC にありました。亀岡教育研究所では、地域の特色ある取り組みを、教職員に紹介し学校教育現場へと繋げる「亀岡学」という研修を行っています。LORC は 2012 年から「亀岡学」に講師を派遣し、カーボンマイナスプロジェクトのコンセプトであるバイオ炭を使ったカーボンマイナス仕組みを解説するとともに、農業を通じた地域社会の中での広がりについて解説しています。そして、これまで取り組んできた食育・環境教育の実践内容や、開発した教材の活用方法なども紹介し、プロジェクトを素材とした環境学習への積極的な活用を促しています。今後、食育・環境教育を通じて、学校を中心とした地域連携が更に深まることに期待しています。

図 4-1-2　亀岡教育研究所での研修

＊本文中で照会した食育・環境教育の教材を巻末に掲載しています。

（定松　功）

4-2　地域円卓会議型「クルベジ寄り合い」による地域社会との対話

4-2-1　地域円卓会議とマルチ・ステークホルダー・プロセス

地域円卓会議とは、2010 年 3 月に発足した「社会的責任に関する円卓会議」から提案された地域の課題解決を考えていく手法です。「社会的責任に関する円卓会議」では、「人を育む基盤の整備」、「ともに生きる社会の形成」、「地球規模の課題解決への参画」、「持続可能な地域づくり」の 4 テーマについて議論が行われていました。その中の、「持続可能な地域づくり」を議論したワーキング・グループでは、「福祉、教育、環境、子育て支援、農林水産、観光など市民生活の多様な分野で、地域の人材や資源を最大限に活用し、地域内での経済循環を促すことで、最適なサービスを供給し得る体制を地域主導で確立する」ために、「地域円卓会議」の発足を提唱しました。そして、「多様な担い手が協働して、自ら地域の諸課題の解決に当たる仕組み（マルチ・ステークホルダー・プロセス）の構築と普及を図ることを目的に、2011 年 2 月に「地域円卓会議 in 茨城」が開催されたのが、地域円卓会議のはじまりです [4]。

LORC では、主に沖縄の「みらいファンド沖縄」が実施する地域円卓会議を調査しました。「みらいファンド沖縄」では、多種多様な地域課題をテーマに地域円卓会議を開催しており、また、その運営手法をマニュアル化し、システム的に地域社会で展開していました [5]。そして、地域円卓会議の手法を使い、LORC の研究テーマであるマルチパートナーシップの実践を探っていました。沖縄の調査から、課題を持つ話題提供者から投げかけを行い、ステークホルダーが議論をする事で課題共有がはかれる。そして、その課題共有を通じて、既に顕在化しているステークホルダーだけでなく、潜在的なステークホルダーを発掘し、新しいアイディアや提案を引き出すきっかけが出来ると感じていました。

一方で、亀岡カーボンマイナスプロジェクトに向けると、これまでに紹介してきたように、2008年から大学発のプロジェクトとしてはじまり、地域の中では様々な活動が生まれてきています。ただ、環境保全、農業、クルベジの流通、食育・環境教育など多岐に渡る分野に関わる人々が、研究プロジェクトの中で大学や自治体がコーディネーションを行っている為に、地域の主体が繋がっていないのではという疑問もありました。更に、クルベジの生産・販売の開始から一年をむかえ、消費者、料理人、NPO、他の自治体などこれまでプロジェクトに参加していないグループからの問い合わせが亀岡市にあり、潜在的ステークホルダーが多数いる状況が生まれて来ていました。そこで、地域ブランドとして比較的テーマとして関心を呼びやすい「クルベジを地域ブランドとして広めるためには？」をテーマに、これまでプロジェクトに関わりのあったメンバーだけでなく、先にあげた潜在的ステークホルダーと同じ目線で議論することで、プロジェクトに新しい展開が期待できる状況と捉えました。そこで、亀岡市と協力して、地域円卓会議型「クルベジ寄り合い」の企画を検討しました[6]。次に、「クルベジ寄り合い」の企画と、その議論から生まれた効果について紹介していきます。

4-2-2 「クルベジ寄り合い」の企画づくり

「クルベジ寄り合い」の企画化は、①テーマ設定、②出場者の配置、③イ

---

4 「社会的責任に関する円卓会議」については、http://sustainability.go.jp/forum/index.html を参照。
「地域円卓会議 in 茨城」については、https://sites.google.com/site/entakuibaraki/ を参照。

5 みらいファンド沖縄が実施する地域円卓会議の「沖縄式　地域円卓会議開催マニュアル」

6 地域円卓会議「クルベジ寄り合い」の企画化の経緯については、第二研究班ユニット4活動記録に掲載している。

ンタビューの実施、④タイムスケジュールの確定、⑤司会者、記録者とのミーティング、⑥会場レイアウトとアレンジメントの流れで固めていきました。

「クルベジ寄り合い」を通じて、顕在化しているステークホルダーだけでなく、会場に参加する潜在的なステークホルダーとも課題を共有し、議論する雰囲気を作れることが、企画を進めていくうえでの重要なポイントになります。

企画化①：困っていることからテーマを決める。

「クルベジ寄り合い」の企画は、亀岡市とLORCがコアになって原案をつくりました。企画に際して、当日のテーマである「何について話し合うか」から検討しました。プロジェクトの現状から課題を検討していくと、「農家からするとクルベジの取り組みを持続的に続けていけるのかという不安もあるのではないか」、「環境保全型の取り組みを消費者にどのくらいPRできているのか？」、「大学のプロジェクトから地域に定着させるために、次に何をしないといけないか？」など意見が出てきました。とりわけ、カーボンマイナスプロジェクトに農業者が持続的に取り組んでいくためには、現状より更に多くの販売ルートを確保する必要がありますが、そのために地域のブランドとしてクルベジをどう育てるかを検討していく必要がありました。そこで生産者、消費者、市民、料理人、流通、企業、大学などの幅広い視点からクルベジのブランドをどう育てるかを議論することとしました。議題として、テーマに「クルベジが地域ブランドとして確立していくためには？」と題して、農業者の具体的な取り組みの視点から課題の投げかけを行っていくことにしました。

⇩

テーマ「クルベジが地域ブランドとして確立していくためには？」

企画化②：出場者「話題提供者とコメンテーター」の配置と依頼

地域円卓会議では、何かしらの課題をもち課題解決策やヒントを得たい主体のはなしをきっかけに議論を進めていきます。この課題を持っている主体を、話題提供者と呼んでいます。そして、話題提供者から出てきた課題に対して、意見を述べるコメンテーターと意見交換をしていきます。そして、話題提供者とコメンテーターの議論を聞きながら、会場全体で課題を共有していく雰囲気を作っていきます。

「クルベジ寄り合い」では、話題提供者として農業者から、クルベジの生産に取り組む想いや、農業経営の現状を話したうえで、クルベジの生産と販売における課題を投げかけてもらうことにしました。ただ、本書で紹介したような亀岡カーボンマイナスプロジェクトの全体像を共有し議論の前提をつくるために、話題提供の前に、これまでプロジェクトに取り組んできた大学からプロジェクトの説明をすることにしました。

コメンテーターは、プロジェクトを取り巻く顕在的なステークホルダー、クルベジに関心を示してきた潜在的なステークホルダーとのバランスを取りながら役割を検討しました。具体的には、プロジェクトに取り組んできた自治体、クルベジ生産を支援する企業、これまでにプロジェクトへの関心を示してきた消費者と料理人、プロジェクトを紹介してきたマスコミを候補としてあげ、登壇を依頼しました。依頼の時には、本人だけでなくなるべく関係する人にも一緒に来て貰うようにお願いし、会場に集まって頂く参加者のバランスが取れるようにします。

表 4-2-1　出演者の役割

イントロダクション	大学	⇨ プロジェクト紹介。議論では説明役。
話題提供者	農業者	⇨ 農業経営の視点から課題と感じていることを提起します。質疑応答でも中心的役割。
コメンテーター（顕在的ステークホルダー）	企業 自治体	⇨ これまでプロジェクトに関わった視点から課題に対してコメントや提案を行う。
コメンテーター（潜在的ステークホルダー）	消費者 料理人 マスコミ	⇨ 外部の視点から、クルベジを地域ブランドとして育てていくための意見を出していく。

企画化③：出場者へのインタビュー

出演者から依頼の快諾が得られたら、議論するテーマについてどう思っているかをインタビューします。これは、会場で議論する前段階として、コメントや議論することのイメージを共有していく作業になります。インタビューで意見交換をすることで、テーマへの理解を深め、企画の意図を伝えてもらい、何を議論しながら明らかしたいかのイメージを作っていきます。そして、自分がコメント内容をイメージし、あらかじめ整理してもらい、当日に臨んでもらいます。もし、議論を深めるのに役立つデータや写真などがある場合は、会場全体でスライドにする為に、提供をお願いします。インタビューは、概ね１人あたり１時間くらい行いました。

企画化④：タイムスケジュール

「クルベジ寄り合い」では、議論を行う登壇者だけでなく、会場の参加者が相互交流し、プロジェクトの顕在的、潜在的な人的ネットワークを掘り起こし、繋げるきっかけをつくる事が目的となります。会議の流れは大きく分けると、話題提供者とコメンテーターの議論を聞き、論点を出していくセッション１と、会場の参加者を巻き込みながらアイディアを引き出し、それを踏まえて再び話題提供者とコメンテーターとの間で議論を深めるセッション２にわかれます。ただし、自由な意見交換を行い会場で発言しやすい雰囲気を作るためにサブセッションという時間を設定しました。

サブセッションの時間は、単純に休憩を取るという時間ではなく、会場に参加している人々が交流する時間として設定しました。

会場の参加者からアイディアを引き出すために、セッション2の冒頭では、セッション1で出た論点に対する提案を考えるアイディアワークという作業を設定しました。このアイディアワークでは、参加者が数人のグループになり、話題提供者やコメンテーターへの質問と提案を考え、発表していきます。企画の中でつくったタイムスケジュールとそのねらいを**表4-2-2**と**図4-2-1**にまとめてみます。

表4-2-2　タイムスケジュールとセッションのねらい

	タイムスケジュール	セッションのねらい
5分	開会のあいさつ、企画のねらい	⇒「クルベジ寄り合い」の趣旨説明。
20分	プロジェクト紹介 ・環境保全型野菜クルベジとは？ 話題提供者 ・クルベジ育成会の紹介と課題（クルベジ育成会） ・若手農家者の想いや感じている課題（クルベジ育成会）	⇒プロジェクト概要のせつめい ⇒農業者の現状と悩みを話、会場と共有する。
65分	セッション1 コメンテーターから課題に対するコメントや質問	⇒農業者の悩みに対して、ステークホルダーから意見や議論をひきだし、論点を見つけていく
30分	サブセッション（off-stage）30分 休憩、クルベジ産品、パネル展示の紹介 話題提供者、コメンテーター、参加者の相互交流。	⇒登壇者と会場参加者との交流を促す時間。休憩より眺めに設定。
80分	セッション2 アイディアワーク（参加者がグループでアイディアを出す） 全体討論→質疑応答→意見交換	アイディアワークで、参加者から質問と提案を考え発表する。 会場参加者からのコメントをふまえ、これからの方向性を議論する。
10分	まとめ	⇒議論から発見できた課題解決方法を司会者がまとめていく。
60分	自由交流、自由解散	⇒会場はそのまま開放し、その後も交流できる場をしばらく残す。

図 4-2-1　セッションでの議論の流れ

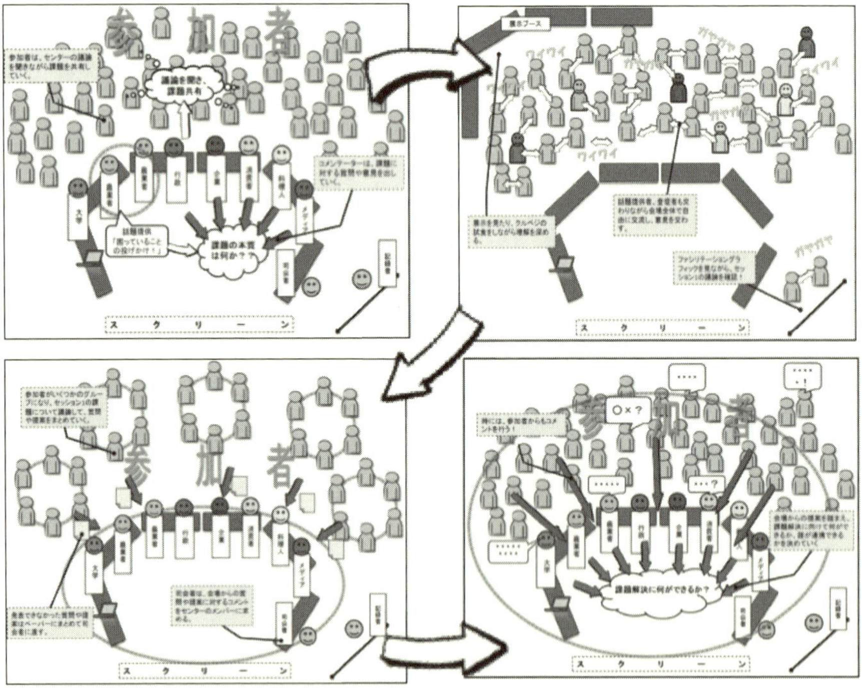

（出所）筆者作成

企画化⑤：司会者と記録者との打ち合わせ

議論するテーマ、登壇者、タイムスケジュールがある程度決定した段階で、当日の会議を進行していく司会者と、議論の様子をファシリテーショングラフィックとしてまとめていく記録者と打ち合わせを行いました。司会者と記録者には、これまでの準備した企画内容や登壇者へのインタビュー内容を伝えながら、①テーマの背景にあるプロジェクトの現状、②タイムスケジュールの流れ、③登壇者のキャラクターや発言しそうな内容、について共通理解を深めていきます。「亀岡クルベジ寄り合い」の時は、1週間前に司会者と記録者と打ち合わせを行いました。

企画化⑥：会場レイアウトとアレンジメント

最後に、会場設営について紹介します。会場設営は、会場レイアウトとアレンジメントの二つの観点から準備をすすめました。会場レイアウトでは、沖縄の地域円卓会議を参考にしながら、話題提供者、コメンテーター、司会者を会場の中心に配して、そのまわりに参加者が取り囲む配置を取りました（**図 4-2-2**）。会場の参加者は、センターテーブルで議論している人の顔を直接的に見るのではなく、スライドを投影するスクリーンを見ながら理解を深めていきます。また、議論の過程や重要なコメントを記録する、ファシリテーショングラフィックも参加者から見えるように配置し、発言内容や議論を視覚的に会議へ伝えていきます。

図 4-2-2　会場のレイアウト

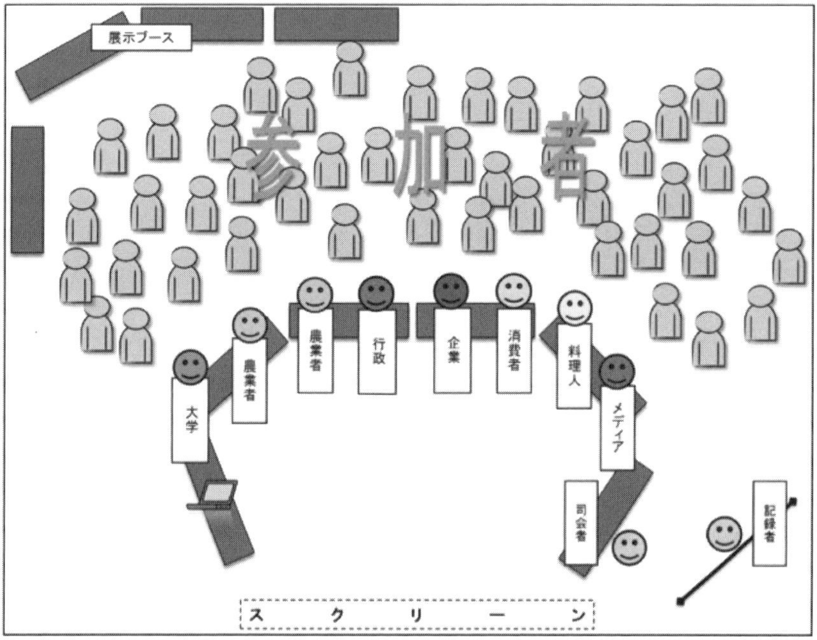

（出所）筆者作成

次に会場のアレンジメントとして、亀岡カーボンマイナスプロジェクトの概要やクルベジについて知らない参加者のために、これまでの取り組み経緯を説明するパネル展示、「クルベジの教科書」や DVD 教材などの出版印刷物などプロジェクト関連の展示ブースを会場広報に設置した。また、プログラム開始前とサブセッションでは、クルベジを使った食材を参加者全員に提供し、テーマとなるクルベジへの理解を深めるように工夫しました。このように、出来るだけリラックスして参加者が意見交換できる会場のアレンジメントの準備をすすめました。

図 4-2-3

「クルベジ寄り合い」での議論の効果とその意義

2013 年 9 月 1 日に亀岡市内で「クルベジ寄り合い」を開催しました。当日は、約 40 名の会場参加者があり、おおむねタイムスケジュールのねらいどおりに進行してました。議論の中では、これまで、プロジェクトに直接的に参画していた顕在的ステークホルダー（農家、大学、自治体）と、プロジェクトに直接的に関与していない潜在的ステークホルダー（消費者、マスコミ、企業、料理人）との間で生まれた軸を中心に議論がかさねられました。例えば、ブランドイメージとして、環境保全のイメージだけでなく、新鮮さ、安全・安心、美味しさが加わらないと、野菜を選ぶ消費者へのPRが弱いといった指摘に対して、クルベジを生産する農業者は、減農薬農法（京都府のエコファーマー基準に準拠）に取り組み、クルベジ育成会で出荷ルールをつくり製品を届けている点が紹介され、お互いの理解や次の取り組みへのアイディアが深まった場面もありました。

そうした議論の効果について、当日のアンケートの一部から紐とくと、「知り合えた人数は？」、「新しい方向性を確認できましたか？」のアンケート項目から反省点と効果が見えてきました。

知り合えた人数では、１人～10人の間で解答をもらいました。その結果は、５名～10名が46％、１名から４名が54％であり、会場全体での交流がある程度実現できた事が伺えます。しかしながら、セッション２のアイディアワークでは、５名程度のグループワークを行った時に、席移動などは指定しなかったため、近くの知り合い同士での議論となったことは否定できません。もし会議のねらいとして、参加者相互の交流を重視するのであれば、グループワークを行う際に、座席移動や所属で固まらない工夫をすると、より交流を促す事ができるでしょう。

次に、クルベジ寄り合いに参加して、新しい方向性が確認できたかについて見ていきます。よく確認できた、確認できた割合を合わせえると、68％の参加者が確認できており、共通課題の認識とそれを踏まえた解決策の模索が、参加者の中に見られたことが伺えます。企画の段階で意図した、クルベジ寄り合いをつうじてテーマから共通課題への認識をふかめ、意見や提案やアイディアを参加者の中に作り出すことに成功したのではないでしょうか。

更に、LORCでは「クルベジ寄り合い」が終了した後に、記述アンケートに記載された提案やアイディア、議論の中で確認出来たコメントを整理し、共通課題からどのような方向性が見つけられたかを整理しました。**表 4-2-3** にまとめています。

表 4-2-3 「クルベジ寄り合い」から出てきた新しい活動内容

広めるための提案（地域活動）	研究テーマへの提案（大学研究）
農業者と料理人との関係性を構築して、B品野菜の活用をはかる。 ブランドイメージとして、環境保全に＋α して地元産であることから新鮮さを打ち出していく。 クルベジ育成会は減農薬農法（京都府のエコファーマー基準に準拠）に取り組んでおり、農家が育てている安全安心というメッセージも伝えるべき。 ブランド化の為に、女性、とりわけ主婦の意見を取り入れた地域円卓会議を開催する。 料理人とタイアップして美味しいをもっと広める。	現状は、システムが周り出した状態。市内どこでも買える状態をつくるためには、売ってもいいよという売り場を調査して、その規模から逆算してクルベジの生産体制を検討するリサーチし、次の戦略をつくる事が必要。 環境保全として、目に見える効果を取りまとめ、社会に伝える（景観の保全、CO_2 削減など）。 科学的に炭素隔離農法の特徴をまとめ、生産者が消費者に伝えやすくする研究のアウトプットが必要。

会場への参加を通じて、具体的な提案やアイディアが含まれていることは大変有意義なポイントであり、対話から次のステップについて具体的な活動のイメージが作られていったことを意味しています。こうして出てきた提案やアイディアは、プロジェクトにとって次の活動の方向となるだけでなく、大学にとっても新しい研究課題の把握という側面をもつのではないでしょうか。幅広い参加者を交え、課題共有→議論→方向性の確認が可能となります。そして、その結果を踏まえて新しい研究課題に取り組むことで、対話を通じたプロジェクトの拡大という循環が生まれます（**図 4-2-4**）。

そうした循環こそが「地域が大学を育て、大学が域を育てる」という地学連携の本質であり、研究と社会貢献の結びつきを深めていくことにもつながります。亀岡カーボンマイナスプロジェクトのような地域プロジェクトに取り組む大学にとっても、地域円卓会議が目指す「マルチ・ステークホルダー・プロセス」は、新しい研究テーマを発見し、新展開を獲得でき

図 4-2-4　クルベジ寄り合いを通じた大学の研究活動との循環（イメージ）

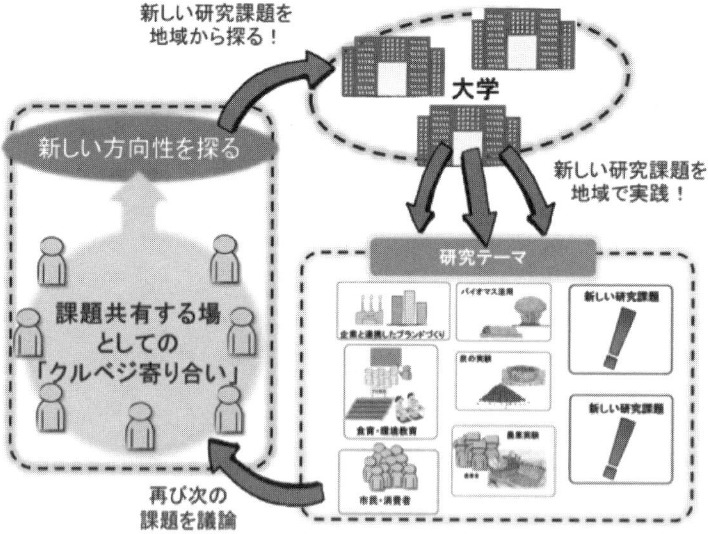

（出所）筆者作成

る機会でもあるのです。地域活動、大学研究の次の方向性を、地域円卓会議を通じて獲得し、循環させていければ、地域の課題解決に向けたパブリックな場へと成長するかもしれません。今回の「クルベジ寄り合い」はそうした循環の始まりにすぎませんが、その成果をふまえ、新しい展開を切り開きながらプロジェクトのこれからの発展を期待したいと思います。

（定松　功）

コラム　クールベジタブルを取材して

京都新聞丹波総局　**小池　直弘**

「クルベジ」に初めて出会ったのは2011年の秋でした。聞き慣れない名称に想像も膨らみにくく、畑に向かい、その土と野菜を見てからもう３年が過ぎました。その後、市民農園の定期開催、放置竹林での竹炭作り、大学の学食でクルベジ提供、スーパーで販売開始…、と歩みを進めるクルベジを取材を通して眺め、ゆっくりでも着実に前進するクルベジを実感しています。

記者として、これまでクルベジを十分に読者に伝えられなかったと感じています。産官学協働の農業の進歩的な試みは全国的にも少ないでしょう。しかし、竹炭によって二酸化炭素がどう固定されるのか、それがいかにCO_2削減に貢献するのか、そして、そもそも竹炭入りの土壌がどんなプロセスで良質野菜につながるのか、これまで記事を書きながらも、自分自身が理解しきれておらず、読者である市民の皆さんに十分に届いてはいませんでした。

その反省に立ち、今後の展開をぜひ見つめ続けたいと考えています。クルベジの試みは、疲弊しきっている日本農業の武器となりうるシステムです。これほど日常生活に不可欠でありながら、軽視されてきた分野はありません。そんな分野で、生産者らが自ら攻めに打って出る方策であり、この成否が日本農業の試金石の一つになりうると言ってもいい。そんな営みを正確に市民の皆さんに知ってもらい、購買という行動につなげられたら、と思いを募らせています。

第三者の立場からクルベジを眺めさせていただいて２年。いま、率直に感じるのは、「ここからが正念場」です。生産者や先生方の熱心な活動でスーパーでの市販も丸１年年を越え、次のステップに進むべきタイミングに差し掛かっていると感じます。地元行政もサポートに動くようになり、ここまでだけでも素晴らしい先駆的な取り組みになってはいます。ただ、まだまだ汗をかき続けている段階であり、結実したわけではありません。むしろ、実はまだ一粒もなっていないかもしれません。クルベジが農業再生という大きな力を持っている以上、クルベジが大きなサイクルとなり、生産者への実感、消費者への実感、社会貢献ができているという企業側の実感、につながってこそクルベジの成果です。

当然、そこに至るにはまだ数年、あるいは、十数年という期間を要するでしょう。そのゴールに向かうため、転換期である今のタイミングが非常に重要になるはずです。現場で今も汗をかき続けている皆さんはそう感じているからこそ、「次の一手」を、何とか考え出そうとしているのだと思います。

いうまでもなく、クルベジの基本は日本古来の農作業です。土の力、水の力、太陽の力、そして竹の力。そこに人の知恵と汗が加わり、自然の恵みをいただいています。次の一手も、簡単には見つけられないものかもしれません。ただ、この原点を忘れず、営みを続けていれば、やがて見えてくるものかと思います。記者として、貴重な営みを記録し、伝え続ける過程で、携わる皆さんの笑顔を取材できたら、それこそクルベジが次の一歩か半歩を動いている時でしょう。

亀岡では、稲作や野菜栽培を軸とした正統派の農業が守り続けられてきました。同時に、日本の他地域と同様、後継者不足や外国産野菜の攻勢などにより耕作放棄地が増え、荒れた竹林も広がっています。とはいえ、他地域に比べれば今でも精力的な生産者や若手新規就農者も多く、可能性を秘めた土地です。さらに、竹に限らずこれらのバイオマスを固定することによって地球温暖化阻止につながるということは、亀岡に利点があるとも言えます。根底ではクルベジの真価は揺るぎません。ただ、それが消費者や企業、行政セクターまで広く伝わってこそ、その価値が理解され、サイクルが回り始めるわけです。そのためには、これまでに要した以上の時間がかかるのかもしれません。

クルベジを全く知らなかったスタートでしたが、今では勝手に当事者の一人と自負させていただいています。取材を通して、作業をする方々の笑顔や生き生きとした声に触れる機会が多くありました。私自身は野菜の味や違いの分からない男ですが、実際に体でクルベジに触れている人たちが見せる目の輝きや言葉の中の充実感は本物です。そこに本当にエネルギーをもらっているから、楽しいのでしょう。私もクルベジの真の力を感じ取ることができるよう、取材を通して学びを続けます。

第５章　カーボンマイナスソサエティと持続可能な社会の構築

地球環境問題と政策選択

大量生産と大量消費が分かちがたく結びついている現代社会において、持続可能な社会を構築することは本当に可能なのだろうか。20 世紀末になって資源エネルギー問題が最重要な人類的課題と広く認識されて以来、誰もが抱くごくあたりまえの問いかけに対して、可能・不可能の両面から様々な議論や実践が重ねられてきている。

この背景には、1962 年にローマクラブが「成長の限界」を発表して地球規模の資源の限界を指摘して世界に衝撃を与えて以来、1987 年のブルントラント委員会による持続可能な開発に関する提言（Our Common Future)、2007 年の気候変動に関する政府間パネル（IPCC）第 4 次報告書など、科学的・政策的さらには哲学的な面も含めて、人類の諸活動が地球規模の資源エネルギー問題の主要な原因となっており、かつ地球という物理的な限界をすでに超えつつあるという認識が広く共有されるようになっていることがある。

このことは、レイチェル・カールソンが 1962 年に「沈黙の春」によってＤＤＴの生物に与える影響を衝撃的な形で示して以来、その影響は出発点の議論から大きく展開し、化学的製法を駆使した大量の農薬や肥料の投入の抑制や生物の生息環境全体への化学的物質の使用の抑制につながって、環境問題全体に深い影響を与えた歴史を想起させる。農薬や化学肥料などの影響は、ある局限された対象に対しては比較的因果関係を明確に捉えることができるが、特定の化学物質がどのように自然のシステム全体の中で機能するのかということについては、地球環境という複雑で相互に干渉しあう要素が多い物理系・生態系の総合システムでは明確な因果関係をとらえることは非常に困難と言わざるを得ない。しかし一定の限定された条件下であっても、具体的に科学的な根拠に基づくデータが示された場合、我々はその現象が人類にとって致命的な結果をもたらす可能性があれば、それを避けるために、予防的な行動を科学的というよりは政策的にとることが求められるだろう。そしてその行動によって生み出される新たな知験やイノベーションが、新たな社会構造への転換を促して課題が提示されたときに想定される以上の深い社会変革や意識変革が実現することもありうるだろう。レイチェル・カールソンが提起したＤＤＴの問題は、まさに著者が想定していたであろう状況を越えて、大きく農業生産のあり方を変え、化学製品の環境への影響を抑制し、更には市民の意識をも変えていったのである。

地球環境・エネルギー問題は、より大規模に、またより深く我々人類の文明論的な変革を促す課題であり、それだけに科学的な知験の正否を問うことよりも、科学的に蓋然性の高い知験を踏まえて、予防的に政策的な対応をしなくてはならないこととして捉えておかなくてはならないだろう。

したがって我々に今問われていることは、当たり前のことではあるが、地球温暖化の当否は今後もより科学的な精度の高い研究によってその信頼性を確認するべきことを前提として、いわゆる地球温暖化防止にかかる政策のあり方であることをまず確認しておきたい。

政策選択としてのカーボンマイナスソサエティ

さて、地球温暖化問題のよう、因果関係を明白に把握することが困難な問題に対して我々が政策として取り得る選択は、社会的コストや当該政策の合理性（科学的根拠）、社会的投資の方法論などの多様な価値基準の様々な組み合わせを選択していく政治的プロセスと、選択された政策の結果に対する評価に依存することになる。そこでは、必ずしも科学的な合理性が優先されるとは限らず、経済的・社会的なインパクトによって政策の優先度が左右される現象がしばしば見られる。

現実に二酸化炭素ガスが地球温暖化の主要な原因とされて以来、科学的な根拠というよりも政治的かつ経済的な動機からカーボンニュートラルサイクルが地球温暖化政策の主要な政策として各国において大々的に採用され、炭素の国際取引市場が世界規模で機能している。また炭酸ガス排出削減を名目に、東日本大震災までは再生可能エネルギーの利用促進よりも原子力発電利用の方がむしろ活発化していたことを引きずって、核燃サイクルに関する社会的コストが不透明なまま、今後も国際的に原子力発電に対する依存は拡大する可能性が高い。この二つのケースについていえば、森林吸収にしろ、原子力発電にしろ、膨大な炭酸ガスの排出量を直接的に削減することによる既存の経済活動の変革リスクを最小にする社会的圧力に対応する政策として現実化しているものであり、それ自体が論争の対象となっている。

それに対して、亀岡市において政策化されてきたカーボンマイナスプロジェクトは、三つの重要な特徴を持っている。その一つは、木炭に含まれる原理的には厳密な計量が可能な炭素量を半永久的に大気から分離して固定化することが可能であり、また木炭の製造プロセスを追跡することによって、原理的にはそれぞれの地域における炭素の固定化プロセスのＬＣＡまで計量が可能であるという、化学的な計量可能性を持っているということである。第２の特徴は、このプロセスは農業生産において環境志向をブランド化して市場価値に織り込むことや企業の社会貢献を導入することなどを通じて、基本的に自立的で持続可能な経済活動として展開されるということである。さらにもっとも重要と思われる第３の特徴は、このプロジェクトは地域社会において活用されてこなかったバイオマスを炭素の固定化を通じて環境問題の解決に貢献する資源にすると同時に、農業者を中心に市民と行政及び企業が協働する社会的運動として市民が主体となった社会変革につながる、地域からの地球温暖化対策であるということである。

亀岡カーボンマイナスプロジェクトから始まる　市民生活と密着した地球温暖化対策

環境問題において炭素の固定化はようやく本格的な取り組みが始まろうとしている技術だが、今までのところでは、大規模な炭酸ガスの発生源において、高度な技術と巨大な装置によって固定化する技術が主流になっている。大量の炭酸ガスを排出する発生源対策としては非常に有効な技術ではあるが、すでに空気中に蓄積されている炭酸ガスを大規模に固定化する技術は、未だ確立されていない。その意味で亀岡市におけるカーボンマイナスプロジェクトは、炭化という在来の伝統的な技術を再評価し、木炭を世界全体で現実に行われている通常の農業生産に活用することを通じて、大規模にかつ容易に炭素の固定化を実現するもっとも現実的なローテクノロジーの活用事例と言える。

地球温暖化に代表される地球環境問題へのアプローチは、一般に市民生活にとって具体的な活動が見えにくい大規模・高度な技術的政策的なものが多いが、亀岡市において取り組まれているカーボンマイナスプロジェクトは、森林管理・農業生産・食育・消費行動・地域社会のブランド化など市民生活に直接かかわる身近な社会活動が中心となっていることから、生活に密着した地球温暖化対策に関する有力な政策として定着する可能性がある。

亀岡市、３大学、木炭普及学会、農業者とともに、市民が様々な形でかかわってきた亀岡市のカーボンマイナスプロジェクトは、地域社会における小さな取り組みではあるが、その射程は世界全体の農業のあり方にも関わる地球大の射程を持った、think globally, act locally を地で行くグローカル（glocal）なプロジェクトといえる。

亀岡市で始まった新たな地球環境問題への取り組みが、早い機会に大きく展開することを祈りたい。

おわりに

筆者が、大学に入学して最初の講義「学際」と言葉を紹介されました。その講義では、これらの学問は、ある分野の学問を極めるだけでは不十分で、様々な分野の学問の知識を融合させ、新しい価値を創造することが必要であると教えていました。入学したての筆者にはその意義が分からず、そういう視点が大切かぐらいにしか感じませんでした。

しかしながら、本書の編集を通じて亀岡カーボンマイナスプロジェクトの取り組みを振り返ると、「学際」なくしてプロジェクトの広がりはなかったのだと思います。リサーチアシスタントの立場でプロジェクトを傍で見ていると、大学の専門家だけでなく、行政職員、農業者、市民、企業などの様々なステークホルダーが関わりながらアイディアをつくり、それを受け止める専門性は、一つの学問だけで完結するものではありません。むしろ、様々な専門知識を融合させながら、地域活動に適用させたという方が正確なのかもしれません。

こうした「学際」に支えられながら、亀岡カーボンマイナスプロジェクトの活動は、2013 年に低炭素杯で環境大臣賞、2014 年に地域づくり総務大臣表彰を受賞し、社会的評価を獲得しました。この受賞は、大学の研究プロジェクトと、そうした研究活動を地域社会の中で受け止め、自分達の活動へと発展させてきた多くの亀岡の人々の活躍が上手く結びついた結果だと感じています。こうした連携関係を土台としつつ、プロジェクトが更にどのように発展していくのか、今後の展開に期待したと思います。

最後に、大学と地域をつなぎ、筆者も大変お世話になった亀岡市役所の田中秀門課長、学生の頃からカーボンマイナスプロジェクトをご教授頂き、又このプロジェクトをリードしてこられた柴田晃先生、LORC研究プロジェクトで筆者をご指導をして頂いた富野暉一郎先生、プロジェクトの現場でお世話になった関係者の方々に、心から謝意を申しあげたいと思います。

定松　功

付録：食育・環境教育用教材の紹介

1 「クルベジ便り」

2 DVD「クルベジ博士の大発明　地球に優しい野菜を食べよう」の使い方

3 「カーボンマイナスの教科書」

・コミック掲載頁は、右閉じとなっています。
巻末からご覧下さい。

クルベジだより
2010年11月

みんなの給食《きゅうしょく》にクルベジ®登場《とうじょう》!!の巻《まき》

亀岡市内《かめおかしない》の小学校の給食《きゅうしょく》に
〈2010年11月第4週目～12月第2週目〉
「クールベジタブル」が登場《とうじょう》します。

発行元・連絡先
◎龍谷大学地域人材・公共政策開発システム
オープン・リサーチ・センター（LORC） ☎075-645-2312
◎立命館大学地域情報研究センター ☎075-465-8224
◎亀岡市生涯学習部市民協働課 ☎0771-25-5002
◎亀岡市教育委員会学校教育課 ☎0771-25-6786

「クルベジ®」とは
つまり
「クールベジタブル」の
ことでござる
せっしゃ
炭乃棒《すみのぼう》と申《もう》す

亀岡《かめおか》でとれた
環境《かんきょう》にやさしい
野菜《やさい》だよ!
おいら 炭丸《すみまる》!

地球全体《ちきゅうぜんたい》の温度《おんど》が少しずつ上がっている。これは「地球《ちきゅう》温暖化《おんだんか》」という現象《げんしょう》なんじゃ。

土に炭《すみ》をまぜて作ったクールベジタブルで地球《ちきゅう》を救《すく》うのじゃ！
しかもクルベジ®は
おいしいのじゃ

炭乃棒《すみのぼう》と炭丸《すみまる》は地球温暖化《ちきゅうおんだんか》の主《おも》な原因《げんいん》とされる二酸化《にさんか》炭素《たんそ》（CO_2）を減《へ》らすのじゃ!!

今回の給食《きゅうしょく》を生産《せいさん》している農地《のうち》には、約《やく》50トンの炭《すみ》を埋《う》めており、車100台分※の二酸《にさん》化炭素《かたんそ》を減《へ》らしたことになります。
※1日16キロメートル走る一人乗りの車は1年間に約《やく》0.75トンの二酸化炭素《にさんかたんそ》を出します。

かいせつ

わたしたちの生活は、昔に比《くら》べて、とても便利《べんり》になりました。しかし、今、「地球温暖化《ちきゅうおんだんか》」が大きな問題《もんだい》になっています。テレビを見たり、エアコンをつけたり、車を運転《うんてん》したりすることで出る二酸《にさん》化炭素《かたんそ》（CO_2）が主《おも》な原因《げんいん》となって、地球《ちきゅう》の気温《きおん》が上がっているのです。地球温暖化《ちきゅうおんだんか》が進《すす》むと、動植物《どうしょくぶつ》や人間《にんげん》の生活、環境《かんきょう》にさまざまな悪《わる》い影響《えいきょう》が出るといわれています。

そこで、亀岡市《かめおかし》では2008年の秋から、農家《のうか》や地域《ちいき》の人、市役所、大学、小・中学校、保育所《ほいくしょ》など、たくさんの人たちが協力《きょうりょく》して「亀岡《かめおか》カーボンマイナスプロジェクト」に取り組んでいます。これは、“炭《すみ》”を使って野菜《やさい》を作り、農業《のうぎょう》を元気にする取り組みで、炭《すみ》を土に埋《う》めると空気中の二酸化炭素《にさんかたんそ》を減《へ》らすことができるため、「地球《ちきゅう》温暖化《おんだんか》」防止《ぼうし》に役立つことが期待《きたい》されています。つまり「クルベジ®（クールベジタブル）」とは、地球《ちきゅう》を冷《ひ》やす野菜《やさい》という意味《いみ》。環境《かんきょう》にやさしく、おいしい農作物《のうさくぶつ》です。

日本の農業《のうぎょう》では、古くから炭《すみ》が使われていたそうです。炭《すみ》を細《こま》かくくだいて土に混《ま》ぜると、農作物《のうさくぶつ》に良《よ》い働《はたら》きをする菌《きん》が増《ふ》えたり、土そのものが水や空気をたくさん含《ふく》んで元気になり、土の中をきれいにして、おいしい野菜作《やさいづく》りを助《たす》けるとされています。そして、木が吸《す》った二酸化炭素《にさんかたんそ》を土の中に閉《と》じ込《こ》めることができます。

このプロジェクトでは、クールベジタブルを紹介《しょうかい》する紙芝居《かみしばい》を作りました。この他《ほか》にも、環境《かんきょう》や食《しょく》についての活《かつ》動《どう》をしています。

クルベジだより

クールベジタブルを生産《せいさん》しています！

安全《あんしん》・安心《あんぜん》な食材《しょくざい》を子どもたちに。　旭町《あさひちょう》の学校給食部会《きゅうしょくぶかい》

旭町《あさひちょう》では、給食《きゅうしょく》に使うクールベジタブルのハクサイ、ダイコン、キャベツ、コマツナ、ネギを作っています。学校給食部会《きゅうしょくぶかい》は、子どもたちに、亀岡《かめおか》でとれる安全《あんぜん》で安心《あんしん》な食材《しょくざい》を提供《ていきょう》したいという思いから平成12年にできました。エコファーマーの資格《しかく》を持つ会員《かいいん》が土からこだわり、農薬《のうやく》や化学肥料《かがくひりょう》の少ない野菜《やさい》を栽培《さいばい》しています。亀岡《かめおか》でとれる野菜《やさい》は、おいしくて体に良《よ》いですよ。

学校でも家でもたくさん食べてくださいね。

クルベジ®は、あまくておいしいですよ。　農事組合法人《のうじくみあいほうじん》ほづ

給食《きゅうしょく》に使うクールベジタブルのニンジン、ジャガイモを作っています。そのほかには小豆《あずき》、米、小麦《こむぎ》、キャベツなども。小麦《こむぎ》からはケーキやクッキーなどの新しい商品《しょうひん》も開発《かいはつ》しています。みなさん、炭《すみ》を使って作った野菜《やさい》はあまくておいしいですよ。

みんなでクールベジタブルを食べて地球温暖化《ちきゅうおんだんか》を防止《ぼうし》しましょう。

クールベジタブル作り、環境活動《かんきょうかつどう》に取り組んでいます。

4校で約《やく》2トンの炭《すみ》を農園《のうえん》に埋《う》めました。
これは、二酸化炭素《にさんかたんそ》にすると約《やく》2.6トン、車4台分の二酸化炭素《にさんかたんそ》を減《へ》らしたことになります。

保津《ほづ》小学校では…

昨年の秋から、「農事組合法人《のうじくみあいほうじん》ほづ」のみなさんに協力《きょうりょく》してもらい、学校農園《のうえん》で竹炭《たけすみ》たい肥《ひ》を使ったクールベジタブル作りに取り組んでいます。今年の夏には、龍谷《りゅうこく》大学の富野《とみの》先生に来ていただき、紙芝居《かみしばい》「クルベジ博士《はかせ》の大《だい》発明《はつめい》」を全校で見ました。また、夏休みには家庭で“夏休み省《しょう》エネチャレンジ”にも取り組みました。

本梅《ほんめ》小学校では…

わたしたちは毎年、農園《のうえん》で野菜《やさい》作りをしています。そして今年はクールベジタブル作りに取り組み、サツマイモ、キュウリ、ナス、カボチャなど、さまざまな野菜《やさい》を作りました。また、“夏休み省《しょう》エネチャレンジ”にも親子で取り組みました。今年のサツマイモは、炭《すみ》入りの土のためか出来《でき》が大変《たいへん》よく、みんなでおいしくいただきました。

吉川《よしかわ》小学校では…

毎年、学校の近くの田畑を借《か》りて、地域《ちいき》の方の指導《しどう》を受《う》けながら、野菜《やさい》やお米を作っています。今年も5年生11名が、5アールの水田《すいでん》でお米作りを体験《たいけん》しました。このお米を使って調理実習《ちょうりじっしゅう》をしたり、全校児童《ぜんこうじどう》にも配布《はいふ》して、炭《すみ》たい肥《ひ》を入れて作ったお米を味《あじ》わったりと、収穫後《しゅうかくご》も農作物《のうさくぶつ》を通してさまざまなことを学んでいます。

別院《べついん》中学校では…

わたしたちの学校では、年間を通して農園活動《のうえんかつどう》を行っています。3年生はもち米、2年生は冬野菜《やさい》（ダイコン、ハクサイ、タマネギ、サツマイモなど）、1年生は夏野菜《やさい》（キュウリ、ナス、ピーマン、トウガラシなど）を作っています。また、環境問題《かんきょうもんだい》や食育《しょくいく》についても少しずつ学習《がくしゅう》の場を持っていて、カーボンマイナスプロジェクトもそのひとつです。

大学から子どもたちへ

亀岡の農業を元気にしよう！

立命館《りつめいかん》大学　柴田《しばた》　晃《あきら》 先生

亀岡《かめおか》の人たちと、山でふえすぎてこまっている竹《たけ》を炭《すみ》にして、それを畑《はたけ》にまいて、クールベジタブルを作る実験《じっけん》をしています。地域《ちいき》でいらないものを使う“地廃地活《ちはいちかつ》”の取り組みで、世界的《せかいてき》にも注目《ちゅうもく》されている「亀岡《かめおか》カーボンマイナスプロジェクト」といいます。亀岡《かめおか》の農業《のうぎょう》を元気にするために、みんなでがんばっているよ！

環境について考えてみるのじゃ！

龍谷《りゅうこく》大学　富野《とみの》　暉一郎《きいちろう》 先生

わしの名前はクルベジ博士《はかせ》。保育所《ほいくしょ》や小・中学校で紙芝居《かみしばい》をやっておるんじゃ。電気《でんき》や水を大切に使うことで地球《ちきゅう》にやさしい生活ができるが、クールベジタブルを作ったり、食べたり、買ったりすることも同じ。地球《ちきゅう》にやさしい取り組みなんじゃよ。さあ、友達同士《ともだちどうし》や家族《かぞく》で環境《かんきょう》について考えてみよう。きみたちの大切な未来《みらい》のためにの！

2　DVD「クルベジ博士の大発明
地球に優しい野菜を食べよう」の使い方

DVD の仕様

K20130315	片面一層	COLOR	1 日本語字幕	1 日本語ステレオ	2 NTSC
本編 17 分 30 秒	MPEG-2	16:9	1	1	

DVD の操作使い方

■本編の再生方法

・DVD 機器や PC に機材を挿入して下さい

・メニュー画面にある PLAY をクルックすると本編が始まります。

＊ DVD 機器や PC の設定によって自動再生される場合があります。

■日本語字幕を表示する。

この DVD は、日本語字幕を表示する事ができます。日本語字幕は、音量を十分に確保できない場合や、耳が不自由な方が視聴される時にご活用ください。

タイトル画面に字幕切替のボタンはありません。使用する機器にあわせて表示切替を行って下さい。

Ⅰ）DVD 機器で再生する場合

DVD プレイヤーの字幕を有効にすると表示されます。本体のボタンやリモコンから字幕を有効にして下さい。

Ⅱ）PC で再生する場合

Windows　Media　Player で再生しているとき

・DVD メニューボタンをクルックし、特別な機能⇒キャプッション⇒日本語を選択する。

・メニュー画面で右クリックし、歌詞、キャプション及び字幕⇒日本語を選択する。

・再生中にショートカット、shift+ctrl+c を同時に押し、字幕のオン・オフを切り替える。

PowerDVD で再生するとき

・画面の下部にある字幕ボタンをクリックすると、字幕の切り替えができます。

「官治・集権」から
「自治・分権」へ

市民・自治体職員・研究者のための

自治・分権テキスト

《出版図書目録 2015.1》

〒120-0002　東京都文京区小石川 5-26-8
TEL　03-3811-5701
公人の友社
FAX　03-3811-5795
mail　info@koujinnotomo.com

●ご注文はお近くの書店へ
小社の本は、書店で取り寄せることができます。
●＊印は〈残部僅少〉です。品切れの場合はご容赦ください。
●直接注文の場合は
電話・FAX・メールでお申し込み下さい。

TEL　03-3811-5701

FAX　03-3811-5795

mail　info@koujinnotomo.com

（送料は実費、価格は本体価格）

〔地方自治ジャーナルブックレット〕

No.1
水戸芸術館の実験
森啓　1,166円　（品切れ）

No.2
政策課題研究研修マニュアル
首都圏政策研究・研修研究会
1,359円（品切れ）

No.3
使い捨ての熱帯雨林
熱帯雨林保護法律家リーグ
971円（品切れ）

No.4
自治体職員世直し志士論
童門冬二・村瀬誠　971円＊

No.5
行政と企業は文化支援で何ができるか
日本文化行政研究会　1,166円（品切れ）

No.6
まちづくりの主人公は誰だ
浦野秀一　1,165円（品切れ）

No.7
パブリックアート入門
竹田直樹　1,166円（品切れ）

No.8
市民的公共性と自治
今井照　1,166円（品切れ）

No.9
ボランティアを始める前に
佐野章二　777円

No.10
自治体職員の能力
自治体職員能力研究会　971円

No.11
パブリックアートは幸せか
山岡義典　1,166円＊

No.12
市民が担う自治体公務
パートタイム公務員論研究会
1,359円

No.13
行政改革を考える
山梨学院大学行政研究センター
1,166円（品切れ）

No.14
上流文化圏からの挑戦
山梨学院大学行政研究センター
1,166円

No.15
市民自治と直接民主制
高寄昇三　951円

No.16
議会と議員立法
上田章・五十嵐敬喜 1,600円＊

No.17
分権段階の自治体と政策法務
山梨学院大学行政研究センター
1,456円

No.18
地方分権と補助金改革
高寄昇三　1,200円

No.19
分権化時代の広域行政
山梨学院大学行政研究センター
1,200円

No.20
あなたの町の学級編成と地方分権
田嶋義介　1,200円

No.21
自治体も倒産する
加藤良重　1,000円（品切れ）

No.22
ボランティア活動の進展と自治体の役割
山梨学院大学行政研究センター
1,200円

No.23
新版2時間で学べる「介護保険」
加藤良重　800円

No.24
男女平等社会の実現と自治体の役割
山梨学院大学行政研究センター
1,200円

No.25
市民がつくる東京の環境・公害条例
市民案をつくる会　1,000円

No.26
東京都の「外形標準課税」はなぜ正当なのか
青木宗明・神田誠司　1,000円

No.27
少子高齢化社会における福祉のあり方
山梨学院大学行政研究センター
1,200円

No.28
財政再建団体
橋本行史　1,000円（品切れ）

No.29
交付税の解体と再編成
高寄昇三　1,000円

No.30
町村議会の活性化
山梨学院大学行政研究センター
1,200円

No.31
地方分権と法定外税
外川伸一　800円

No.32
東京都銀行税判決と課税自主権
高寄昇三　1,200円

No.33
都市型社会と防衛論争
松下圭一　900円

No.34
中心市街地の活性化に向けて
山梨学院大学行政研究センター
1,200円

No.35
自治体企業会計導入の戦略
高寄昇三　1,100円

No.36
行政基本条例の理論と実際
神原勝・佐藤克廣・辻道雅宣
1,100円

No.37
市民文化と自治体文化戦略
松下圭一　800円

No.38
まちづくりの新たな潮流
山梨学院大学行政研究センター
1,200円

No.39
ディスカッション三重の改革
中村征之・大森弥　1,200円

No.40
政務調査費
宮沢昭夫　1,200円（品切れ）

No.41
市民自治の制度開発の課題
山梨学院大学行政研究センター
1,200円

No.42
《改訂版》自治体破たん・「夕張ショック」の本質
橋本行史　1,200円＊

No.43
分権改革と政治改革
西尾勝　1,200円

No.44
自治体人材育成の着眼点
浦野秀一・井澤壽美子・野田邦弘・西村浩・三関浩司・杉谷戸知也・坂口正治・田中富雄　1,200円

No.45
シンポジウム障害と人権
橋本宏子・森田明・湯浅和恵・池原毅和・青木九馬・澤静子・佐々木久美子　1,400円

No.46
地方財政健全化法で財政破綻は阻止できるか
高寄昇三　1,200円

No.47
地方政府と政策法務
加藤良重　1,200円

No.48
政策財務と地方政府
加藤良重　1,400円

No.49
政令指定都市がめざすもの
高寄昇三　1,400円

No.50
良心的裁判員拒否と責任ある参加
市民社会の中の裁判員制度
大城　聡　1,000円

No.51
討議する議会
自治体議会学の構築をめざして
江藤俊昭　1,200円

No.52
【増補版】大阪都構想と橋下政治の検証
府県集権主義への批判
高寄昇三　1,200円

No.53
虚構・大阪都構想への反論
橋下ポピュリズムと都市主権の対決
高寄昇三　1,200円

No.54
大阪市存続・大阪都粉砕の戦略
地方政治とポピュリズム
高寄昇三　1,200円

No.55
「大阪都構想」を越えて
問われる日本の民主主義と地方自治
(社)大阪自治体問題研究所　1,200円

No.56
翼賛議会型政治・地方民主主義への脅威
地域政党と地方マニフェスト
高寄昇三　1,200円

No.57
なぜ自治体職員にきびしい法遵守が求められるのか
加藤良重　1,200円

No.58
東京都区制度の歴史と課題
都区制度問題の考え方
著：栗原利美、編：米倉克良
1,400円

No.59
七ヶ浜町（宮城県）で考える
「震災復興計画」と住民自治
編著：自治体学会東北YP
1,400円

No.60
市民が取り組んだ条例づくり
市長・職員・市議会とともにつくった所沢市自治基本条例
編著：所沢市自治基本条例を育てる会
1,400円

No.61
いま、なぜ大阪市の消滅なのか
「大都市地域特別区法」の成立と今後の課題
編著：大阪自治を考える会　800円

No.62
地方公務員給与は高いのか
非正規職員の正規化をめざして
著：高寄昇三・山本正憲　1,200円

No.63
大阪市廃止・特別区設置の制度設計案を批判する
いま、なぜ大阪市の消滅なのかPart2
編著：大阪自治を考える会　900円

No.64
自治体学とはどのような学か
森啓　1,200円

No.65
通年議会の〈導入〉と〈廃止〉
長崎県議会による全国初の取り組み
松島完　900円

［福島大学ブックレット「21世紀の市民講座」］

No.1
外国人労働者と地域社会の未来
著：桑原靖夫・香川孝三、
編：坂本惠　900円

No.2
自治体政策研究ノート
今井照　900円

No.3
住民による「まちづくり」の作法
今西一男　1,000円

No.4
格差・貧困社会における市民の権利擁護
金子勝　900円

No.5
法学の考え方・学び方
イェーリングにおける「秤」と「剣」
富田哲　900円

No.6
今なぜ権利擁護か
ネットワークの重要性
高野範城・新村繁文　1,000円

No.7
小規模自治体の可能性を探る
保母武彦・菅野典雄・佐藤力・竹内是俊・松野光伸　1,000円

No.8
小規模自治体の生きる道
連合自治の構築をめざして
神原勝　900円

No.9
文化資産としての美術館利用
地域の教育・文化的生活に資する方法研究と実践
辻みどり・田村奈保子・真歩仁しょうん　900円

No.10
フクシマで"日本国憲法〈前文〉"を読む
家族で語ろう憲法のこと
金井光生　1,000円

【地方自治土曜講座ブックレット】

No.1
現代自治の条件と課題
神原勝　800円＊

No.2
自治体の政策研究
森啓　500円＊

No.3
現代政治と地方分権
山口二郎　500円＊

No.4
行政手続と市民参加
畠山武道　500円＊

No.5
成熟型社会の地方自治像
間島正秀　500円＊

No.6
自治体法務とは何か
木佐茂男　500円＊

No.7
自治と参加　アメリカの事例から
佐藤克廣　500円＊

No.8
政策開発の現場から
小林勝彦・大石和也・川村喜芳
800円＊

No.9
まちづくり・国づくり
五十嵐広三・西尾六七　500円＊

No.10
自治体デモクラシーと政策形成
山口二郎　500円＊

No.11
自治体理論とは何か
森啓　500円＊

No.12
池田サマーセミナーから
間島正秀・福士明・田口晃　500円＊

No.13
憲法と地方自治
中村睦男・佐藤克廣　500円
（品切れ）

No.14
まちづくりの現場から
斉藤外一・宮嶋望　500円＊

No.15
環境問題と当事者
畠山武道・相内俊一　500円＊

No.16
情報化時代とまちづくり
千葉純・笹谷幸一　600円
（品切れ）

No.17
市民自治の制度開発
神原勝　500円＊

No.18
行政の文化化
森啓　600円＊

No.19
政策法務と条例
阿部泰隆　600円＊

No.20
政策法務と自治体
岡田行雄　600円（品切れ）

No.21
分権時代の自治体経営
北良治・佐藤克廣・大久保尚孝
600円＊

No.22
地方分権推進委員会勧告とこれからの地方自治
西尾勝　500円＊

No.23
産業廃棄物と法
畠山武道　600円＊

No.24
自治体計画の理論と手法
神原　勝　600円（品切れ）

No.25
自治体の施策原価と事業別予算
小口進一　600円＊

No.26
地方分権と地方財政
横山純一　600円（品切れ）

No.27
比較してみる地方自治
田口晃・山口二郎　600円＊

No.28
議会改革とまちづくり
森啓　400円（品切れ）

No.29
自治体の課題とこれから
逢坂誠二　400円＊

No.30
内発的発展による地域産業の振興
保母武彦　600円（品切れ）

No.31
地域の産業をどう育てるか
金井一頼　600円＊

No.32
金融改革と地方自治体
宮脇淳　600円＊

No.33
ローカルデモクラシーの統治能力
山口二郎　400円＊

No.34
政策立案過程への戦略計画手法の導入
佐藤克廣　500円＊

No.35
「変革の時」の自治を考える
神原昭子・磯田憲一・大和田健太郎
600円＊

No.36
地方自治のシステム改革
辻山幸宣　400円（品切れ）

No.37
分権時代の政策法務
礒崎初仁　600円＊

No.38
地方分権と法解釈の自治
兼子仁　400円＊

No.39
「近代」の構造転換と新しい「市民社会」への展望
今井弘道　500円＊

No.40
自治基本条例への展望
辻道雅宣　400円＊

No.41
少子高齢社会の自治体の福祉法務　加藤良重　400円＊

No.42
改革の主体は現場にあり　山田孝夫　900円

No.43
自治と分権の政治学　鳴海正泰　1,100円

No.44
公共政策と住民参加　宮本憲一　1,100円＊

No.45
農業を基軸としたまちづくり　小林康雄　800円

No.46
これからの北海道農業とまちづくり　篠田久雄　800円

No.47
自治の中に自治を求めて　佐藤守　1,000円

No.48
介護保険は何をかえるのか　池田省三　1,100円

No.49
介護保険と広域連合　大西幸雄　1,000円

No.50
自治体職員の政策水準　森啓　1,100円

No.51
分権型社会と条例づくり　篠原一　1,000円

No.52
自治体における政策評価の課題　佐藤克廣　1,000円

No.53
小さな町の議員と自治体　室埼正之　900円

No.55
改正地方自治法とアカウンタビリティ　鈴木庸夫　1,200円

No.56
財政運営と公会計制度　宮脇淳　1,100円

No.57
自治体職員の意識改革を如何にして進めるか　林嘉男　1,000円

No.59
環境自治体とISO　畠山武道　700円

No.60
転型期自治体の発想と手法　松下圭一　900円

No.61
分権の可能性
スコットランドと北海道　山口二郎　600円

No.62
機能重視型政策の分析過程と財務情報　宮脇淳　800円

No.63
自治体の広域連携　佐藤克廣　900円

No.64
分権時代における地域経営　見野全　700円

No.65
町村合併は住民自治の区域の変更である　森啓　800円

No.66
自治体学のすすめ　田村明　900円

No.67
市民・行政・議会のパートナーシップを目指して　松山哲男　700円

No.69
新地方自治法と自治体の自立　井川博　900円

No.70
分権型社会の地方財政　神野直彦　1,000円

No.71
自然と共生した町づくり
宮崎県・綾町　森山喜代香　700円

No.72
情報共有と自治体改革　片山健也　1,000円

No.73
地域民主主義の活性化と自治体改革　山口二郎　900円

No.74
分権は市民への権限委譲　上原公子　1,000円

No.75
今、なぜ合併か　瀬戸亀男　800円

No.76
市町村合併をめぐる状況分析　小西砂千夫　800円

No.78
ポスト公共事業社会と自治体政策　五十嵐敬喜　800円

No.80
自治体人事政策の改革　森啓　800円

No.82
地域通貨と地域自治　西部忠　900円（品切れ）

No.83
北海道経済の戦略と戦術　宮脇淳　800円

No.84
地域おこしを考える視点　矢作弘　700円

No.87
北海道行政基本条例論　神原勝　1,100円

No.90
「協働」の思想と体制　森啓　800円＊

No.91
協働のまちづくり
三鷹市の様々な取組みから　秋元政三　700円＊

No.92
シビル・ミニマム再考　松下圭一　900円

No.93
市町村合併の財政論　高木健一　800円＊

No.95
市町村行政改革の方向性
佐藤克廣　800円

No.96
創造都市と日本社会の再生
佐々木雅幸　900円

No.97
地方政治の活性化と地域政策
山口二郎　800円

No.98
多治見市の総合計画に基づく政策実行
西寺雅也　800円

No.99
自治体の政策形成力
森啓　700円

No.100
自治体再構築の市民戦略
松下圭一　900円

No.101
維持可能な社会と自治体
宮本憲一　900円

No.102
道州制の論点と北海道
佐藤克廣　1,000円

No.103
自治基本条例の理論と方法
神原勝　1,100円

No.104
働き方で地域を変える
山田眞知子　800円（品切れ）

No.107
公共をめぐる攻防
樽見弘紀　600円

No.108
三位一体改革と自治体財政
岡本全勝・山本邦彦・北良治・逢坂誠二・川村喜芳　1,000円

No.109
連合自治の可能性を求めて
松岡市郎・堀則文・三本英司・佐藤克廣・砂川敏文・北良治他　1,000円

No.110
「市町村合併」の次は「道州制」か
森啓　900円

No.111
コミュニティビジネスと建設帰農
松本懿・佐藤吉彦・橋場利夫・山北博明・飯野政一・神原勝　1,000円

No.112
「小さな政府」論とはなにか
牧野富夫　700円

No.113
栗山町発・議会基本条例
橋場利勝・神原勝　1,200円

No.114
北海道の先進事例に学ぶ
宮谷内留雄・安斎保・見野全・佐藤克廣・神原勝　1,000円

No.115
地方分権改革の道筋
西尾勝　1,200円

No.116
転換期における日本社会の可能性～維持可能な内発的発展
宮本憲一　1,100円

［TAJIMI CITY ブックレット］

No.2
転型期の自治体計画づくり
松下圭一　1,000円

No.3
これからの行政活動と財政
西尾勝　1,000円（品切れ）

No.4
構造改革時代の手続的公正と第二次分権改革
鈴木庸夫　1,000円

No.5
自治基本条例はなぜ必要か
辻山幸宣　1,000円

No.6
自治のかたち、法務のすがた
天野巡一　1,100円

No.7
自治体再構築における行政組織と職員の将来像
今井照　1,100円（品切れ）

No.8
持続可能な地域社会のデザイン
植田和弘　1,000円

No.9
「政策財務」の考え方
加藤良重　1,000円

No.10
市場化テストをいかに導入するべきか
竹下譲　1,000円

No.11
市場と向き合う自治体
小西砂千夫・稲澤克祐　1,000円

［北海道自治研ブックレット］

No.1
市民・自治体・政治
再論・人間型としての市民
松下圭一　1,200円

No.2
議会基本条例の展開
その後の栗山町議会を検証する
橋場利勝・中尾修・神原勝　1,200円

No.3
福島町の議会改革
議会基本条例＝開かれた議会づくりの集大成
溝部幸基・石堂一志・中尾修・神原勝　1,200円

［地域ガバナンスシステム・シリーズ］
（龍谷大学地域人材・公共政策開発システム・オープン・リサーチセンター（LORC）…企画・編集）

No.1
地域人材を育てる自治体研修改革
土山希美枝　900円

No.2
公共政策教育と認証評価システム
坂本勝　1,100円

No.3
暮らしに根ざした心地よいまち
1,100円

No.4
持続可能な都市自治体づくりのためのガイドブック
1,100円

No.5
英国における地域戦略パートナーシップ
編：白石克孝、監訳：的場信敬
900円

No.6
マーケットと地域をつなぐパートナーシップ
編：白石克孝、著：園田正彦
1,000円

No.7
政府・地方自治体と市民社会の戦略的連携
的場信敬　1,000円

No.8
多治見モデル
大矢野修　1,400円

No.9
市民と自治体の協働研修ハンドブック
土山希美枝　1,600円

No.10
行政学修士教育と人材育成
坂本勝　1,100円

No.11
アメリカ公共政策大学院の認証評価システムと評価基準
早田幸政　1,200円

No.12
イギリスの資格履修制度
資格を通しての公共人材育成
小山善彦　1,000円

No.14
炭を使った農業と地域社会の再生
市民が参加する地球温暖化対策
井上芳恵　1,400円

No.15
対話と議論で〈つなぎ・ひきだす〉ファシリテート能力育成ハンドブック
土山希美枝・村田和代・深尾昌峰
1,200円

No.16
「質問力」からはじめる自治体議会改革
土山希美枝　1,100円

No.17
東アジア中山間地域の内発的発展
日本・韓国・台湾の現場から
清水万由子・＊誠國・谷垣岳人・大矢野修
1,200円

［生存科学シリーズ］

No.2
再生可能エネルギーで地域がかがやく
秋澤淳・長坂研・小林久　1,100円

No.3
小水力発電を地域の力で
小林久・戸川裕昭・堀尾正靭
1,200円＊

No.4
地域の生存と社会的企業
柏雅之・白石克孝・重藤さわ子
1,200円

No.5
地域の生存と農業知財
澁澤栄・福井隆・正林真之 1,000円

No.6
風の人・土の人
千賀裕太郎・白石克孝・柏雅之・福井隆・飯島博・曽根原久司・関原剛
1,400円

No.7
地域からエネルギーを引き出せ！
PEGASUS ハンドブック
監修：堀尾正靭・白石克孝、著：重藤さわ子・定松功・土山希美枝
1,400円

No.8
地域分散エネルギーと「地域主体」の形成
風・水・光エネルギー時代の主役を作る
編：小林久・堀尾正靭、著：独立行政法人科学技術振興機構 社会技術研究開発センター「地域に根ざした脱温暖化・環境共生社会」研究開発領域 地域分散電源等導入タスクフォース
1,400円

No.9
省エネルギーを話し合う実践プラン46
エネルギーを使う・創る・選ぶ
編著：中村洋・安達昇
編者著：独立行政法人科学技術振興機構 社会技術研究開発センター「地域に根ざした脱温暖化・環境共生社会」研究開発領域
1,500円

No.10
お買い物で社会を変えよう！
レクチャー＆手引き
編著：永田潤子、監修：独立行政法人科学技術振興機構 社会技術研究開発センター「地域に根ざした脱温暖化・環境共生社会」研究開発領域
1,400円

［都市政策フォーラムブックレット］

No.1
「新しい公共」と新たな支え合いの創造へ
渡辺幸子・首都大学東京 都市教養学部都市政策コース 900円

No.2
景観形成とまちづくり
首都大学東京 都市教養学部都市政策コース
1,000円

No.3
都市の活性化とまちづくり
首都大学東京 都市教養学部都市政策コース
1,100円

［京都府立大学
京都政策研究センターブックレット］

No.1
地域貢献としての「大学発シンクタンク」
京都政策研究センター（KPI）の挑戦
編著 青山公三・小沢修司・杉岡秀紀・藤沢実 1,000円

No.2
もうひとつの「自治体行革」
住民満足度向上へつなげる
編著 青山公三・小沢修司・杉岡秀紀・藤沢実 1,000円

［私たちの世界遺産］

No.1
持続可能な美しい地域づくり
五十嵐敬喜他　1,905円

No.2
地域価値の普遍性とは
五十嵐敬喜・西村幸夫　1,800円

No.3
世界遺産登録・最新事情
長崎・南アルプス
五十嵐敬喜・西村幸夫　1,800円

No.4
新しい世界遺産の登場
南アルプス［自然遺産］　九州・山口［近代化遺産］
五十嵐敬喜・西村幸夫・岩槻邦男・松浦晃一郎　2,000円

［別冊］No.1
ユネスコ憲章と平泉・中尊寺供養願文
五十嵐敬喜・佐藤弘弥　1,200円

［別冊］No.2
平泉から鎌倉へ
鎌倉は世界遺産になれるか?!
五十嵐敬喜・佐藤弘弥　1,800円

［地方財政史］

高寄昇三著　各5,000円

大正地方財政史・上巻
大正デモクラシーと地方財政

大正地方財政史・下巻
政党化と地域経営
都市計画と震災復興

昭和地方財政史・第一巻
地域格差と両税委譲
分与税と財政調整

昭和地方財政史・第二巻
補助金の成熟と変貌
匡救事業と戦時財政

昭和地方財政史・第三巻
府県財政と国庫支援
地域救済と府県自治

昭和地方財政史・第四巻
町村貧困と財政調整
昭和不況と農村救済

［単行本］

フィンランドを世界一に導いた100の社会改革
編著　イルカ・タイパレ
訳　山田眞知子　2,800円

公共経営学入門
編著　ボーベル・ラフラー
訳　みえガバナンス研究会
監修　稲澤克祐、紀平美智子　2,500円

変えよう地方議会
～3・11後の自治に向けて
編著　河北新報社編集局　2,000円

自治体職員研修の法構造
田中孝男　2,800円

自治基本条例は活きているか?!
～ニセコ町まちづくり基本条例の10年
編　木佐茂男・片山健也・名塚昭
2,000円

国立景観訴訟～自治が裁かれる
編著　五十嵐敬喜・上原公子　2,800円

成熟と洗練
～日本再構築ノート
松下圭一　2,500円

地方自治制度「再編論議」の深層
監修　木佐茂男
青山彰久・国分高史　1,500円

韓国における地方分権改革の分析～弱い大統領と地域主義の政治経済学
尹誠國　1,400円

自治体国際政策論
～自治体国際事務の理論と実践
楠本利夫　1,400円

自治体職員の「専門性」概念
～可視化による能力開発への展開
林奈生子　3,500円

アニメの像VS.アートプロジェクト～まちとアートの関係史
竹田直樹　1,600円

NPOと行政の《協働》活動における「成果要因」
～成果へのプロセスをいかにマネジメントするか
矢代隆嗣　3,500円

おかいもの革命
消費者と流通販売者の相互学習型プラットホームによる低酸素型社会の創出
編著　おかいもの革命プロジェクト
2,000円

原発再稼働と自治体の選択
原発立地交付金の解剖
高寄昇三　2,200円

［自治体危機叢書］

2000年分権改革と自治体危機
松下圭一　1,500円

自治体財政破綻の危機・管理
加藤良重　1,400円

自治体連携と受援力
もう国に依存できない
神谷秀之・桜井誠一　1,600円

政策転換への新シナリオ
小口進一　1,500円

住民監査請求制度の危機と課題
田中孝男　1,500円

政府財政支援と被災自治体財政
東日本・阪神大震災と地方財政
高寄昇三　1,600円

震災復旧・復興と「国の壁」
神谷秀之　2,000円

自治体財政のムダを洗い出す
財政再建の処方箋
高寄昇三　2,300円

地域ガバナンスシステム・シリーズ　**No.18**

カーボンマイナスソサエティ

クルベジでつながる、環境、農業、地域社会

2015年1月10日　初版発行　　定価（1,400円＋税）

企　画　　龍谷大学地域公共人材・政策開発リサーチセンター
編著者　　定松　功
発行人　　武内英晴
発行所　　公人の友社
〒112-0002　東京都文京区小石川5-26-8
TEL 03-3811-5701　FAX 03-3811-5795
e-mail: info@koujinnotomo.com
http://koujinnotomo.com/
印刷所　　倉敷印刷株式会社

ISBN978-4-87555-655-8

「地域ガバナンスシステム・シリーズ」発行にあたって

日本は明治維新以来百余年にわたり、西欧文明の導入による近代化を目指して国家形成を進めてきました。しかし今日、近代化の協力な推進装置であった中央集権体制と官僚機構はその歴史的使命を終え、日本は新たな歴史の段階に入りつつあります。

　時あたかも、国と地方自治体との間の補完性を明確にし、地域社会の自己決定と自律を基礎とする地方分権一括法が世紀の変わり目の二〇〇〇年に施行されて、中央集権と官主導に代わって分権と官民協働が日本社会の基本構造になるべきことが明示されました。日本は今、新たな国家像に基づく社会の根本的な構造改革を進める時代に入ったのです。

　しかしながら、百余年にわたって強力なシステムとして存在してきたガバメント（政府）に依存した社会運営を、主権者である市民と政府と企業との協働を基礎とするガバナンス（協治）による社会運営に転換させることは容易に達成できることではありません。特に国の一元的支配と行政主導の地域づくりによって二重に官依存を深めてきた地域社会においては、各部門の閉鎖性を解きほぐし協働型の地域社会システムを主体的に創造し支える地域公共人材の育成や地域社会に根ざした政策形成のための、新たなシステムの構築が決定的に遅れていることに私たちは深い危惧を抱いています。

　本ブックレット・シリーズは、ガバナンス（協治）を基本とする参加・分権型地域社会の創出に寄与し得る制度を理念ならびに実践の両面から探求し確立するために、地域社会に関心を持つ幅広い読者に向けて、様々な関連情報を発信する場を提供することを目的として刊行するものです。

二〇〇五年三月

龍谷大学　地域人材・公共政策開発システム
オープン・リサーチ・センター長　富野　暉一郎

RYUKOKU
UNIVERSITY

龍谷大学　地域公共人材・政策開発リサーチセンター（LORC）

カーボンマイナスの教科書《きょうかしょ》

～炭《すみ》とクルベジ®　で二酸化炭素《にさんかたんそ》を減《へ》らすしくみ～

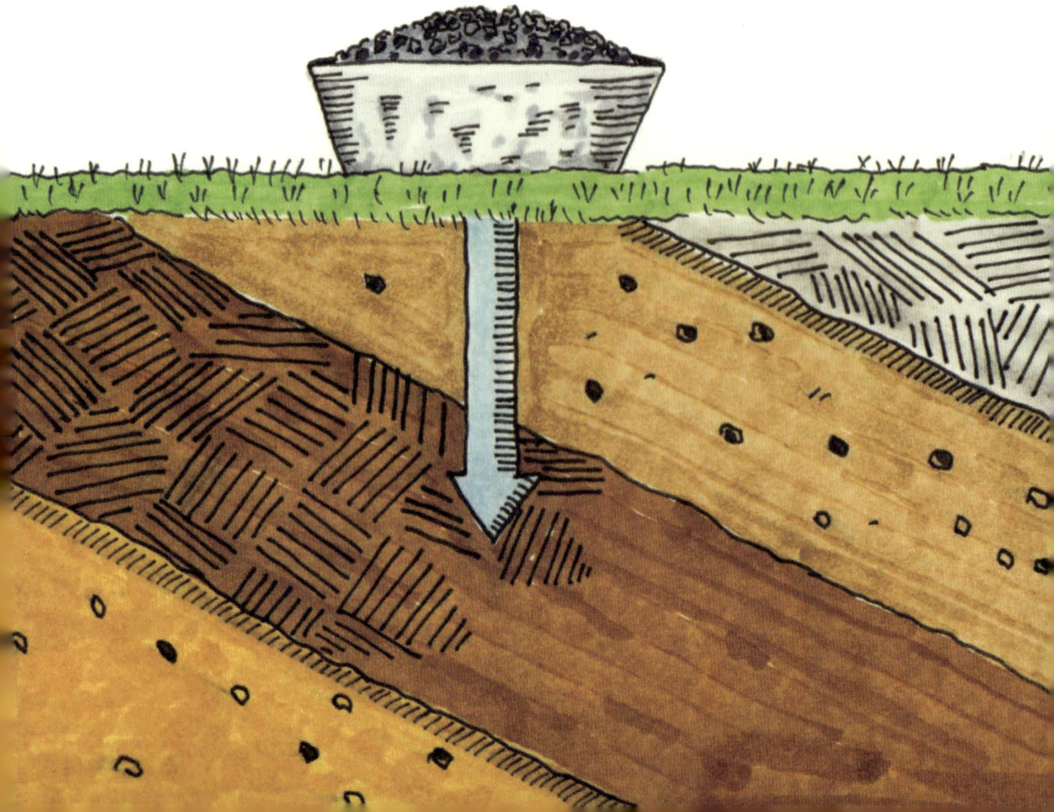

はじめに

みなさん、亀岡《かめおか》カーボンマイナスプロジェクトってご存知《ぞんじ》ですか？…

亀岡《かめおか》カーボンマイナスプロジェクトは、2008年《ねん》に亀岡市《かめおかし》からはじまった地球温暖化対策《ちきゅうおんだんかたいさく》の取《と》り組《く》みです。地球温暖化対策《ちきゅうおんだんかたいさく》というと、電気《でんき》を消《け》したり、車《くるま》を使用《しよう》する回数《かいすう》を減《へ》らしたりする省《しょう》エネや、太陽光発電《たいようこうはつでん》、風力発電《ふうりょくはつでん》などの再生可能《さいせいかのう》エネルギーの利用《りよう》を思《おも》い浮《う》かべるかもしれません。

亀岡《かめおか》カーボンマイナスプロジェクトでは、先《さき》ほど紹介《しょうかい》した地球温暖化対策《ちきゅうおんだんかたいさく》とは違《ちが》い炭《すみ》を使《つか》った地球温暖化対策《ちきゅうおんだんかたいさく》に取《と》り組《く》んでいて、亀岡《かめおか》からはじまった世界《せかい》ではじめてのプロジェクトです。

この「カーボンマイナスの教科書《きょうかしょ》」では、亀岡《かめおか》カーボンマイナスプロジェクトの仕組《しく》みを皆《みな》さんに広《ひろ》く知《し》ってもらうために作《つく》りました。なぜ炭《すみ》が地球温暖化対策《ちきゅうおんだんかたいさく》になるのか、クルベジ®ってどんな野菜《やさい》なのか、身近《みじか》な生活《せいかつ》にどんな役《やく》にたつのかについて解説《かいせつ》していますので、最後《さいご》まで読《よ》んでみて下《くだ》さい。

クルベジ博士

目《もく》 次《じ》

クルベジを育《そだ》てて、地《ち》球《きゅう》を冷《ひ》やす!!

作《さく》：渡辺《わたなべ》 美《み》紀《き》

え!?
ガァーン
春休《はるやす》みの宿題《しゅくだい》
2倍《ばい》!?
亀岡《かめおか》○×小学校《しょうがっこう》
職員室
担任
テストの結果《けっか》をみれば当然《とうぜん》だろう
進堂イッポ
そんなぁ~
おや?あの子《こ》は?
進堂《しんどう》イッポ
給食《きゅうしょく》と休《やす》み時間《じかん》のために学校《がっこう》に来《き》ているような生徒《せいと》です。勉強嫌《べんきょうぎら》いでまいったもんですよ。ははは
ききたくない~
コラ
ほほう!
にやり

テストの点数《てんすう》はなんだ
おまけに居眠《いねむ》り、遅刻《ちこく》、忘《わす》れもので遊《あそ》んでばかり!
イッポ!
たまには、遊《あそ》び以外《いがい》のこともがんばりなさい!
でもこれじゃぁ宿題《しゅくだい》地獄《じごく》だよーーっ
理科
計算ドリル
みんなの社会
漢字ドリル
国
ほっほっほっ
ならば宿題《しゅくだい》のかわりにクルベジの世話《せわ》を手伝《てつだ》ってみるかのう?
!?
!!
あなたは、クルベジ博士《はかせ》!
ガタッ
ひょい♪
クルベジとは、博士《はかせ》が研究中《けんきゅうちゅう》の…
そうじゃ! 楽《たの》しく学《まな》べると思《おも》うがの…
クルベジ…? 研究《けんきゅう》…?
宿題《しゅくだい》より楽《らく》ちんかも…
はいはい! 僕《ぼく》やりまーす!

春休《はるやす》み
亀岡市《かめおかし》保《ほ》津《づ》町《ちょう》
畑《はたけ》～！
「研究《けんきゅう》」っていうから もっと研究所《ラボ》っぽい所《ところ》 かと思《おも》ってた～
はたらく水車クルクルトントンくん
はっはっはっ 豊《ゆた》かな畑《はたけ》は 亀岡《かめおか》の宝《たから》じゃ！
小松菜
亀岡《かめおか》の 30％は農地《のうち》 なんじゃよ!!
それにここは ただのビニルハウス じゃないぞい！
？
名《な》づけて クルベジ実験《じっけん》ハウス じゃ！
クルベジ実験ハウス
わぁ！かっこいい!!
ほっほっほっ さぁ入るぞ！

実験中
エーコや クルベジのデータは とれたかの?
女《おんな》の子《こ》…
はい 博士《はかせ》!
にんじんもキャベツも 小松菜《こまつな》にイチゴ! 前回《ぜんかい》より良《よ》く育《そだ》ってるし とってもおいしそう!
実験《じっけん》は 大成功《だいせいこう》ね!
かわ いい…!
ドキッ
孫《まご》で助手《じょしゅ》の エーコじゃ
え!孫《まご》!
こんにちは イッポくん!
ここでは いろんなクルベジを 実験的《じっけんてき》に 育《そだ》てているの! お世話《せわ》いっしょに がんばりましょう!
はい!
あ!でも クルベジって なんですか?
クルベジ にんじん 実験中!!
ほっほっほ まずはクルベジの 説明《せつめい》からじゃな!

クルベジはね 私《わたし》たちのまち 亀岡《かめおか》がうんだ 特別《とくべつ》な野菜《やさい》よ
クルベジの「クル」は「COOL」！ 地球《ちきゅう》を冷《ひ》やす野菜《やさい》という意味《いみ》があるの。
CooLな VEGETABLE!!
このマークが目印
クルベジ
冷《ひ》やす！ 野菜《やさい》が 地球《ちきゅう》を!?
そうじゃ！ イッポ君《くん》は 地球温暖化《ちきゅうおんだんか》について 何《なに》か知《し》っているかな？
うーん 地球《ちきゅう》の気温《きおん》が 上《あ》がるってコト だよねっ
でもそれで 僕《ぼく》らの生活《せいかつ》に どんな問題《もんだい》が おこるんだろう？

いいかね 気温《きおん》があがると 氷河《ひょうが》や南極《なんきょく》の 氷《こおり》がとける。
おうちが とけちゃう…
ホッキョクグマの親子
SOS
HOT
HOT
そうなると 海水《かいすい》の量《りょう》が増《ふ》えて 水面《すいめん》が上《あ》がり 低《ひく》い土地《とち》の島《しま》は 海《うみ》にのみこまれて しまう。
異常気象
そして 嵐《あらし》や台風《たいふう》が多《おお》く 発生《はっせい》して 食《た》べ物《もの》が 少《すく》なくなってしまう。
食料不足
おなか空いたよー
ぐーー
これは みらいの問題《もんだい》 ではない
現在《げんざい》も 起《お》きている 問題《もんだい》なのじゃ！
ぞくっ
でも私《わたし》たちの 便利《べんり》な生活《せいかつ》が 原因《げんいん》なのよね
え？
1P
1P
そうじゃな 空気《くうき》は目《め》に 見《み》えないが
その中《なか》で いろんな 性質《せいしつ》の気体《きたい》に 分《わ》けることが できるんじゃが
空気
酸素
窒素
二酸化炭素
その他いろいろ
くわしくは中学生で

その中《なか》の二酸化炭素《にさんかたんそ》に空気《くうき》を暖《あたた》める性質《せいしつ》があっての
二酸化《ニサンカ》炭素《タンソ》
テレビ・エアコン自動車《じどうしゃ》・冷蔵庫《れいぞうこ》・パソコン・ストーブ…便利《べんり》な機械《きかい》を動《うご》かすためのエネルギーとひきかえに毎日多《まいにちおお》くの二酸化炭素《にさんかたんそ》が生《う》まれるんじゃ！
もんもん
もんもん
二酸化炭素
あっついよ〜
地球
じゃあ、二酸化炭素《にさんかたんそ》をへらさなきゃ！
テレビの時間《じかん》を減《へ》らすとか！
毎日《まいにち》の生活《せいかつ》を見直《みなお》すことは大切《たいせつ》よね！
それとねクルベジを美味《おい》しく食《た》べることは二酸化炭素《にさんかたんそ》を減《へ》らすことにつながるのよ！
クルベジを！
Tomato
クルベジ小松菜

そっか たしか クルベジは 地球《ちきゅう》を冷《ひ》やす 野菜《やさい》なんだよね！ でも野菜《やさい》に そんな力《ちから》が あるの？
ほっほっほ
よくぞ 聞《き》いてくれた！ その秘密《ひみつ》は 土《つち》の中《なか》じゃ！
土《つち》の中《なか》… あれっ！
土《つち》の中《なか》に たくさん 黒《くろ》い粒《つぶ》が まざってる！
拡大
発見!!
炭《すみ》じゃよ
4分の1くらい まざっておるぞ
炭《すみ》！

でも…炭《すみ》なんかうめてもいいのかな？
あら！
炭《すみ》のおかげで美味《おい》しくて健康《けんこう》な野菜《やさい》が育《そだ》つのよ！
それに炭《すみ》が**二酸化炭素《にさんかたんそ》のもと**を土《つち》の中《なか》に閉《と》じ込《こ》めているんだから！
IP
えっ！二酸化炭素《にさんかたんそ》のもとを!?
ほっほっほっ炭《すみ》は何《なに》から作《つく》られているかわかるかね！
炭
？
えっと…
木《き》だよね？バーベキューで使《つか》うよ畑《はたけ》の炭《すみ》はもっと小《ちい》さいけど…
光合成＝水＋日光＋二酸化炭素
その通《とお》り！木《き》は二酸化炭素《にさんかたんそ》を吸収《きゅうしゅう》して大《おお》きくなるんじゃよ！
二酸化炭素
二酸化炭素
ぐん
ぐん
昔《むかし》と比《くら》べ木《き》は少《すく》なくなってしまっておるがのう

そんな大事《だいじ》な木《き》を炭《すみ》にしたらもったいないんじゃないのかなぁ
うーん…
そうじゃな木《き》を増《ふ》やすことは重要《じゅうよう》じゃ
しかし年老《としお》いたり、枯《か》れた木《き》はほったらかしにしておくと今《いま》まで吸収《きゅうしゅう》してきた二《に》酸《さん》化《か》炭《たん》素《そ》を放出《ほうしゅつ》してしまうといわれているんじゃ
そうなる前《まえ》に炭《すみ》にすることで二《に》酸《さん》化《か》炭《たん》素《そ》の放出《ほうしゅつ》を防《ふせ》いでおるんじゃ
老いた木
ふぅ… やれやれ…
ぷはー
二酸化炭素
放出
それにの炭《すみ》にせずに土《つち》に埋《う》めると、
微生物《びせいぶつ》が食《た》べて二《に》酸《さん》化《か》炭《たん》素《そ》などに分解《ぶんかい》してしまうが、炭《すみ》だと食《た》べられないんじゃ
おいしい!!
カタイ食べられないぃ!!
土の中
炭
木
木《き》が吸収《きゅうしゅう》してたくわえてきた二《に》酸《さん》化《か》炭《たん》素《そ》をずーっと閉《と》じ込《こ》めておくために炭《すみ》にするんだね!
二酸化炭素のもと(カーボン)がギュッとつまってるよ
そして、
新《あたら》しい木《き》が育《そだ》ってまたたくさん二《に》酸《さん》化《か》炭《たん》素《そ》を吸収《きゅうしゅう》していくんだ!

その通りじゃ！
そこで目《め》をつけたのが亀岡《かめおか》で問題《もんだい》になっている放《ほう》置《ち》竹林《ちくりん》じゃ
危険《キケン》！
どよ～ん…
立入禁止
枯《か》れても倒《たお》れても増《ふ》え続《つづ》けているんじゃ
そういえばおじいちゃんが、家《いえ》の裏《うら》の竹林《たけばやし》が倒《たお》れてきてすっごく困《こま》ってたよ！ずっとほったらかしでご近所問題《きんじょもんだい》にもなったっていってたし！
こわれる～
じめ～…
亀岡《かめおか》の畑《はたけ》の炭《すみ》は、そういった放《ほう》置《ち》竹林《ちくりん》から作《つく》られているんじゃよ。
整備後
さっぱり！
放《ほう》置《ち》竹林《ちくりん》の問題《もんだい》も解決《かいけつ》できるんじゃ！
うん！おじいちゃんも今《いま》はキレイになって喜《よろこ》んでいるよ！

クルベジは
地球《ちきゅう》だけでなく
亀岡《かめおか》のためになる
夢《ゆめ》の野菜《やさい》
なんだね！
そうじゃ！
クルベジが
登場《とうじょう》することに
よって、
放置竹林の
炭を利用！
農家《のうか》が
活発《かっぱつ》になる！
元気な
農家！
そして
竹林《ちくりん》はキレイになり
住《す》みやすく元気《げんき》な
亀岡《かめおか》になるんじゃ！
もちろん、
二酸化炭素《にさんかたんそ》も
たくさん
減《へ》らせるぞ！
食卓から
町づくり！
地球にやさしい
子《こ》どもたちにも
クルベジは
広《ひろ》がりつつ
あるんじゃよ！
給食にクルベジ野菜！
亀岡の児童ら笑顔で麦踏み
クルベジ給食甘い
子《こ》どもも大人《おとな》も
一緒《いっしょ》に地球温暖化対策《ちきゅうおんだんかたいさく》に
取《と》り組《く》める…
それが、
カーボンマイナス
プロジェクト
じゃ！
夢のプロジェクト!!
カーボンマイナス
プロジェクト…

すごいっ！自分《じぶん》の町《まち》がこんな大《おお》きなコト考えて野菜《やさい》を作《つく》ってるなんて知《し》らなかった！
かっこいい!!
ちゃんと甘《あま》くておいしいのよ！
亀岡《かめおか》の人々《ひとびと》にクルベジの素晴《すば》らしさを知《し》ってもらってどんどん食《た》べてもらうことがプロジェクト成功《せいこう》のカギなんじゃ！
そっかぁー僕《ぼく》たちが食《た》べることでクルベジの応援《おうえん》になるんだ
おいしくて地球《ちきゅう》と亀岡《かめおか》を元気《げんき》にする夢《ゆめ》の野菜《やさい》だもん！もっともっとみんなに教《おし》えたいよ！
!!
ほっほっほっ勉強《べんきょう》ぎらいのイッポくんが人《ひと》に教《おし》えたいとはのう…
よかったよかった

さぁ 研究《けんきゅう》のつづきじゃ まずはクルベジの糖度《とうど》をはかるぞ！
はい！
ほっほっほっ 良《よ》い返事《へんじ》じゃ！
やる気まんまん！
ふふ
新学期《しんがっき》 僕《ぼく》は、給食委員《きゅうしょくいいん》になった
では、第一回《だいいっかい》給食委員会《きゅうしょくいいんかい》を始《はじ》めます。
!!
イッポが給食委員!?
何《なに》か意見《いけん》のある人《ひと》はいますか？
はい!! 委員長《いいんちょう》！やりたいコトがあります！
僕《ぼく》も一歩《いっぽ》をふみださなきゃ！
バッ

クルベジ特集《とくしゅう》の学校新聞《がっこうしんぶん》を書《か》きたいです！
クルベジをもっと多《おお》くの人《ひと》に知《し》ってもらうために！
クルベジ？
！
聞いたことはあるような
クルベジは地球《ちきゅう》を冷《ひ》やす野菜《やさい》！
地球《ちきゅう》も亀岡《かめおか》も一緒《いっしょ》に元気《げんき》になる夢《ゆめ》の野菜《やさい》です。
ぶいっ
なるほどー！
すごーい！
クルベジ新聞《しんぶん》で決《き》まりね!!
イッポ君《くん》ならすごい記事《きじ》が書《か》けるわ!!
!?
NASU
すっ
エーコさん!!
給食委員長!?
っていうか小学生!?
六年生
あら、同《おな》じ小学校《しょうがっこう》に通《かよ》ってるのよ よろしくね♡

カーボンマイナスの しくみ

（解説編《かいせつへん》）

地球《ちきゅう》温暖化《おんだんか》ってなんだろう？

テレビのニュースや新聞《しんぶん》などで地球温《ちきゅうおん》暖化《だんか》について聞《き》いたことありますか？

現在《げんざい》、地球《ちきゅう》の大気《たいき》に含《ふく》まれる二酸化炭《にさんかたん》素《そ》やメタンガスなどの温室効果《おんしつこうか》ガスが増加して、地球《ちきゅう》の気温《きおん》が上昇《じょうしょう》しているといわれています。

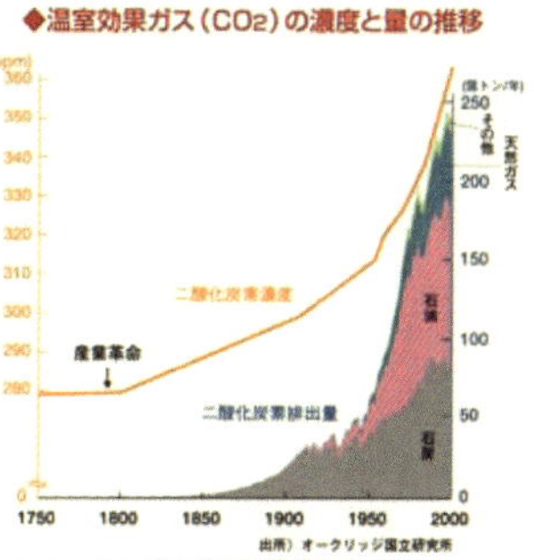

出所）IPCC 第《だい》4次《じ》評価報告書《ひょうかほうこくしょ》2007
全国地球温暖化防止活動推進《ぜんこくちきゅうおんだんかぼうしかつどうすいしん》センターウェブサイト
（http://www.jccca.org/）より

こうした温室効果《おんしつこうか》ガスが増加《ぞうか》している原因《げんいん》は、現在《げんざい》の生活《せいかつ》スタイルが原因《げんいん》といわれています。現代《げんだい》の生活《せいかつ》は、石油《せきゆ》や石《せき》炭《たん》や天然《てんねん》ガスなどの化石燃料《かせきねんりょう》と呼《よ》ばれるエネルギーによって支《ささ》えられており、化《か》石燃料《せきねんりょう》を大量《たいりょう》に使用《しよう》すると温室効果《おんしつこうか》ガスを多《おお》く排出《はいしゅつ》しています…

大気中《たいきちゅう》の二酸化炭素《にさんかたんそ》濃度《のうど》は上《うえ》の図《ず》のように化石燃料《かせきねんりょう》が大量《たいりょう》に使《つか》われだした19世《せい》紀《き》から急激《きゅうげき》に温室効果《おんしつこうか》ガスの濃度《のうど》が上昇《じょうしょう》しています。

二酸化炭素《にさんかたんそ》の急激《きゅうげき》な上昇《じょうしょう》は、氷河《ひょうが》が溶《と》けたり（左《ひだり》の写真《しゃしん》）、南極《なんきょく》の氷《こおり》が溶《と》けたりして、海面上昇《かいめんじょうしょう》や洪水《こうずい》が引《ひ》き起《お》こされて人間《にんげん》の生活《せいかつ》にも影響《えいきょう》を与《あた》えています。

地球温暖化の影響による氷河の後退

出所）IPCC 第《だい》4次《じ》評価報告書《ひょうかほうこくしょ》2007
全国地球温暖化防止活動推進《ぜんこくちきゅうおんだんかぼうしかつどうすいしん》センターウェブサイト
（http://www.jccca.org/）より

炭《すみ》で地球温暖化《ちきゅうおんだんか》を防止《ぼうし》する！

このページでは亀岡《かめおか》カーボンマイナスプロジェクトで行《おこな》っている、炭《すみ》を使《つか》った二酸化炭素削減《にさんかたんそさくげん》の仕組《しく》みについて紹介《しょうかい》します。プロジェクトで二酸化炭素削減《にさんかたんそさくげん》に使《つか》っているアイテムは、バーベキューなどに使っている炭《すみ》です。炭《すみ》がなぜ地球温暖化対策《ちきゅうおんだんかたいさく》に役立《やくだ》つのでしょうか？

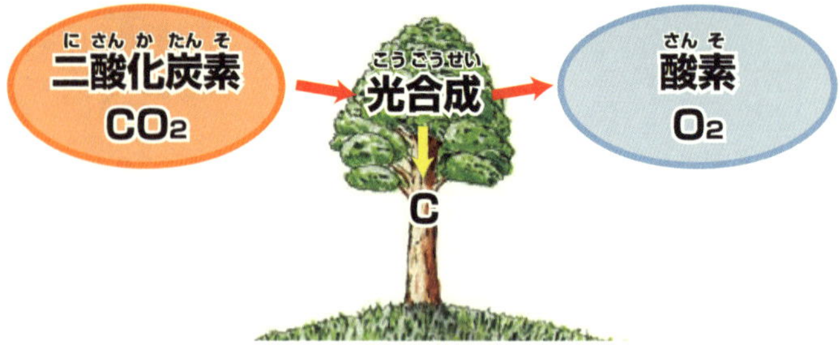

植物《しょくぶつ》は光合成《こうごうせい》を行《おこな》うことで、空気《くうき》の二酸化炭素《にさんかたんそ》を吸《す》い込《こ》んで酸素《さんそ》を出《だ》しています。光合成《こうごうせい》で炭素《たんそ》を木《き》に取《と》り込《こ》んで成長《せいちょう》しています。

植物《しょくぶつ》が増《ふ》えると地球温暖化《ちきゅうおんだんか》の原因《げんいん》となっている二酸化炭素《にさんかたんそ》を減《へ》らすことができます。

でも、木《き》を燃《も》やしたり、倒《たお》れて腐《くさ》ってしまうと、植物《しょくぶつ》の中《なか》に取《と》り込《こ》んだ炭素《たんそ》は、二酸化炭素《にさんかたんそ》やメタンガスなどになって再《ふたた》び大気中《たいきちゅう》に戻ってしまいます。

炭《すみ》にすることで植物《しょくぶつ》を炭素《たんそ》のかたまりに変《か》えることができます。炭《すみ》の重量《じゅうりょう》の約《やく》80%が炭《たん》素《そ》になります。

そこで、木《き》が取《と》り込んだ炭素《たんそ》が再《ふたた》び大気中《たいきちゅう》に戻《もど》らなくするために、炭《すみ》を作《つく》ります。炭《すみ》にすると、安定的《あんていてき》な炭素《たんそ》をつくる事《こと》ができ、燃《も》やさない限《かぎ》り大気《たいき》に炭素《たんそ》が戻《もど》ることはありません。

キャンプやバーベキューで使用《しよう》している炭《すみ》を土《つち》に埋《う》めることで、再《ふたた》び二酸化炭素《にさんかたんそ》に戻《もど》らないようにしています。昔《むかし》からある身近《みじか》な技術《ぎじゅつ》を使《つか》うことで、誰《だれ》でも簡単《かんたん》に二酸化炭素削減《にさんかたんそさくげん》に参加《さんか》できることがポイントで、世界的《せかいてき》にも亀岡《かめおか》の取《と》り組《く》みが注目《ちゅうもく》されています！

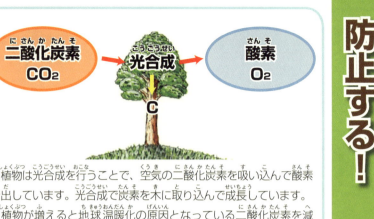

誰《だれ》でもかんたん、炭《すみ》づくり！

このページではプロジェクトで行《おこな》っている炭《すみ》づくりの様子《ようす》を紹介《しょうかい》します。だれでも作《つく》れる炭《すみ》のつくりかたなので、地域《ちいき》の皆《みな》さんと協力《きょうりょく》して一緒《いっしょ》に炭《すみ》を作《つく》っています。

プロジェクトでは、地域《ちいき》で問題《もんだい》となっている放置《ほうち》竹林《ちくりん》を伐採《ばっさい》して、炭《すみ》の原料《げんりょう》としています。

伐採《ばっさい》した竹《たけ》は、炭《すみ》を作《つく》りやすいようにしばらく乾燥《かんそう》させます。

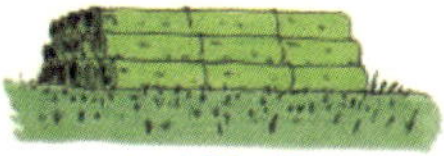

乾燥中《かんそうちゅう》

乾燥《かんそう》させた竹《たけ》を、左《ひだり》の図《ず》のような誰《だれ》でもかんたんに使《つか》える無煙炭《むえんたん》化器《かき》を使《つか》って竹《たけ》を炭《すみ》にしています。

『無煙炭化器《むえんたんかき》』は、自燃式《じねんしき》なので、石油《せきゆ》やガスなどの化石燃料《かせきねんりょう》を使《つか》わずに炭《すみ》を作《つく》る事《こと》ができます！

十分《じゅうぶん》に熱《ねつ》が回《まわ》って炭《すみ》が出来《でき》たら水《みず》をかけてあげると畑《はたけ》に使《つか》う炭《すみ》の完成《かんせい》です。

最後《さいご》にできた炭《すみ》は軽《けい》トラックなどで堆肥《たいひ》を作《つく》る場所《ばしょ》まで持《も》っていきます。

長《なが》い距離《きょり》だとガソリンを多《おお》く使《つか》うので、身近《みじか》にある樹木《じゅもく》や竹《たけ》を炭《すみ》にしています。

地球《ちきゅう》を冷《ひ》やす、クルベジ！

10アールの農地《のうち》に炭素《たんそ》100kg埋《う》めと、二酸化炭素《にさんかたんそ》を約《やく》230kg・CO_2減《へ》らしたことになります。これは、ガソリン約《やく》100リットル（普通車《ふつうしゃ》で1500km走《はし》る距離《きょり》）を節約《せつやく》した事《こと》と同《おな》じ効果《こうか》があります。
この様《よう》にして炭《すみ》を使《つか》って育《そだ》てた野菜《やさい》をクルベジと呼《よ》んでいます。

放置《ほうち》竹林《ちくりん》からつくった炭《すみ》はたい肥《ひ》として農業《のうぎょう》に使《つか》われています。水田《すいでん》や畑《はたけ》に炭《すみ》をうめる事《こと》で二酸化炭素《にさんかたんそ》のもとになる炭素《たんそ》を閉《と》じ込《こ》めています。
農地《のうち》に埋《う》める炭素《たんそ》は、10アール（10m×10m）の農地《のうち》に100kgの割合《わりあい》で埋《う》められています。

たい肥《ひ》に炭《すみ》を混《ま》ぜて畑《はたけ》に入《い》れます！

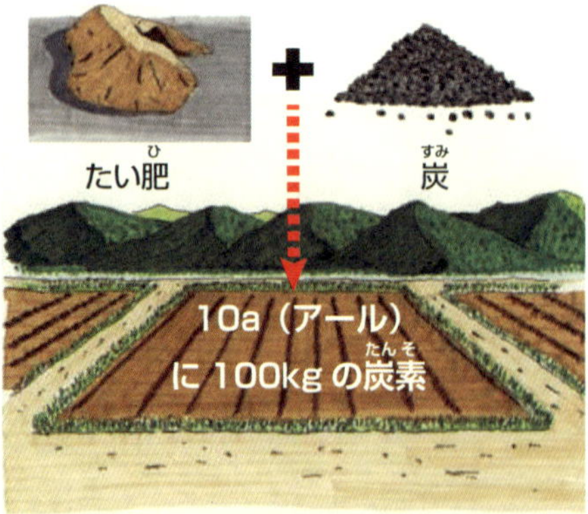

↑クルベジには、シールがはられ、一目《ひとめ》でわかるようになっています。クルベジを応援《おうえん》する企業《きぎょう》の名前《なまえ》も入《はい》っています。

↑スーパーの売《う》り場《ば》では、クルベジの看板《かんばん》が立《た》っています。

クルベジという名前《なまえ》の由来《ゆらい》は「二酸化炭素《にさんかたんそ》を削減《さくげん》して地球《ちきゅう》を冷《ひ》やす野菜《やさい》」という意味《いみ》からきています。亀岡市内《かめおかしない》の農家《のうか》の方々《かたがた》が育《そだ》てたクルベジは、亀岡《かめおか》のスーパーで売《う》られていますので、探《さが》してみて下《くだ》さい。

↑亀岡市保津町《かめおかしほづちょう》には、クルベジ体《たい》験農園《けんのうえん》があり、農家《のうか》さん以外《いがい》にも以外色々《いがいいろいろ》な人《ひと》がクルベジを育《そだ》てています。

身《み》近《じか》で安心《あんしん》な野菜《やさい》、クルベジ！

炭《すみ》を使《つか》って栽培《さいばい》されたクルベジは、実《じっ》はもう学《がっ》校《こう》の給食《きゅうしょく》にも使《つか》われています。旭町にある学校給食部会《がっこうきゅうしょくぶかい》は、「亀岡《かめおか》で取《と》れる安全《あんぜん》で安心《あんしん》な食材《しょくざい》を提供《ていきょう》したい」という農家《のうか》の方々《かたがた》の想《おも》いから2000年《ねん》にできました。

2009年《ねん》から学校給食部会《がっこうきゅうしょくぶかい》では、炭《すみ》が入った堆肥《たいひ》を使《つか》い、クルベジを継続《けいぞく》して学校給食《がっこうきゅうしょく》に届《とど》けています。二酸化炭素《にさんかたんそ》を減《へ》らすクルベジを沢山《たくさん》食《た》べて下《くだ》さい。

↑クルベジを使《つか》った給食《きゅうしょく》（2009年《ねん》）。

↑学校農園《がっこうのうえん》でも炭《すみ》たい肥《ひ》を使ったクルベジ栽培《さいばい》に取《と》り組《く》んでいます。

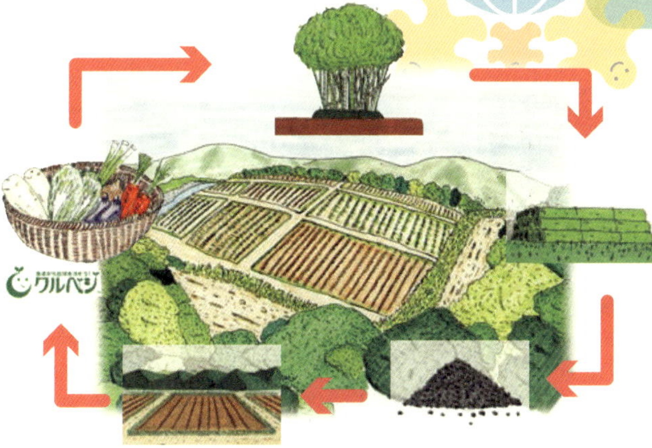

身近《みじか》な植物《しょくぶつ》を活用《かつよう》して炭《すみ》をつくり、農業《のうぎょう》に利用《りよう》することで二《に》酸化炭素《さんかたんそ》の削減《さくげん》を行《おこな》います。

これは、使《つか》われなくなった放《ほう》置竹林《ちくりん》や樹木《じゅもく》を活用《かつよう》することで、地域《ちいき》の環境保全《かんきょうほぜん》に繋《つな》がっており、こうした地域《ちいき》の廃棄物《はいきぶつ》を地域《ちいき》で活用《かつよう》する活動《かつどう》を「地廃地《ちはいち》活《かつ》」と言《い》います。

また、クルベジを亀岡《かめおか》の農家《のうか》が育《そだ》て、亀岡《かめおか》で食《た》べることで、野菜《やさい》を運《はこ》ぶ距離《きょり》も少《すく》なくなり二《に》酸化炭素《さんかたんそ》の削減《さくげん》につながります。こうした、地域《ちいき》の食《た》べ物《もの》を地域《ちいき》で食《た》べることを「地産地《ちさんち》消《しょう》」と言《い》います。

二酸化炭素削減《にさんかたんそさくげん》と結《むす》びついた「地廃地活《ちはいちかつ》」と「地産地消《ちさんちしょう》」の循環《じゅんかん》を地域《ちいき》で繰《く》り返《かえ》していき、亀岡《かめおか》の環境《かんきょう》や農業《のうぎょう》を活性化《かっせいか》することが亀岡《かめおか》カーボンマイナスプロジェクトの目的《もくてき》でもあります。

発行

龍谷大学　地域公共人材・政策開発

リサーチセンター（LORC）

（編著）

クルベジ博士

〈マンガ作成〉

渡辺　美紀

〈CG イラスト作成〉

佐川　明日香

〈解説イラスト・企画・レイアウト〉

定松　功（LORC）

亀岡《かめおか》カーボンマイナスプロジェクトは、
低炭素杯《ていたんそはい》2013の地域活動部門《ちいきかつどうぶもん》で金賞《きんしょう》
（環境大臣賞《かんきょうだいじんしょう》）を受賞《じゅしょう》しました

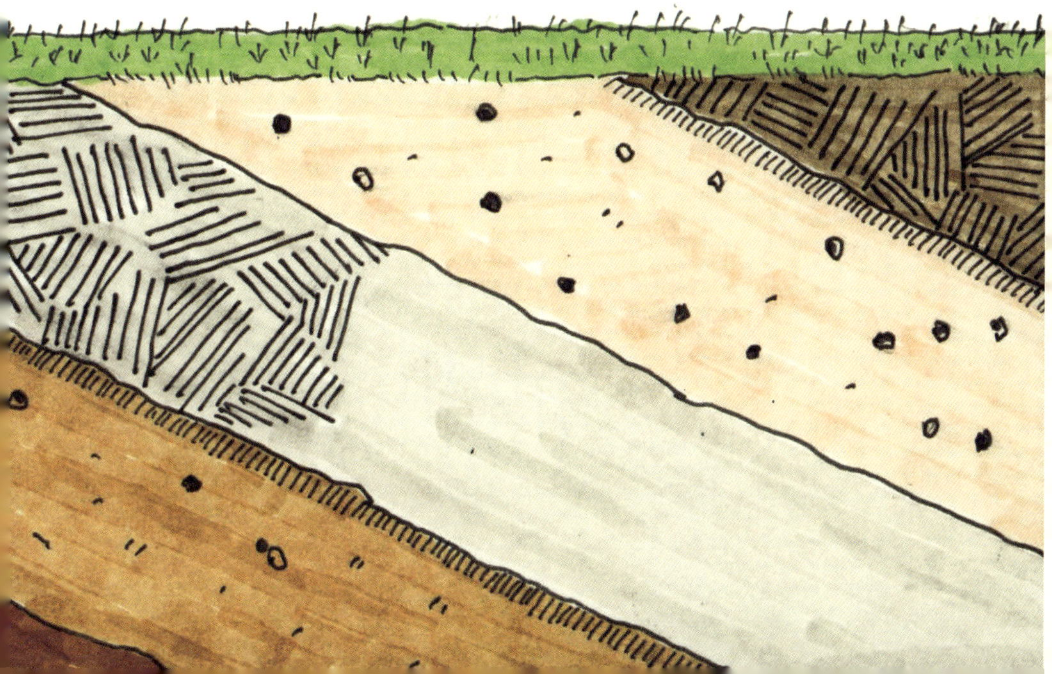